OSS ライセンス

Understand the Open Source Software License Correctly

を正しく理解するための本

姉崎章博 著

C&R研究所

■権利について

- 本書に記述されている社名・製品名などは、一般に各社の商標または登録商標です。
- 本書では™、©、®は割愛しています。

■本書の内容について

- 本書は著者・編集者が内容を慎重に検討し、著述・編集しています。ただし、本書の記述内容に関わる運用結果にまつわるあらゆる損害・障害につきましては、責任を負いませんのであらかじめご了承ください。
- 本書は2021年9月現在の情報で記述しています。

●本書の内容についてのお問い合わせについて

この度はC&R研究所の書籍をお買いあげいただきましてありがとうございます。本書の内容に関するお問い合わせは、「書名」「該当するページ番号」「返信先」を必ず明記の上、C&R研究所のホームページ（https://www.c-r.com/）の右上の「お問い合わせ」をクリックし、専用フォームからお送りいただくか、FAXまたは郵送で次の宛先までお送りください。お電話でのお問い合わせや本書の内容とは直接的に関係のない事柄に関するご質問にはお答えできませんので、あらかじめご了承ください。

〒950-3122 新潟県新潟市北区西名目所4083-6　株式会社 C&R研究所　編集部
FAX 025-258-2801
『OSSライセンスを正しく理解するための本』サポート係

はじめに

筆者にとって、オープンソースソフトウェア(OSS)とは最初はLinuxのことでした。最初にLinuxについて気にしたのは1998年、雑誌の記事で「NECのExpress5800シリーズにLinuxを搭載して販売している」という注釈を見かけたときのことです。大げさかもしれませんが「WindowsマシンといわれていたExpress5800でLinuxが動く!」という衝撃が当時ありました。さっそく、提供している秋葉原の会社に話を聞きに行きました。それまでPC-98でFreeBSDを動かしたことはありましたが、OSSという言葉は私にはLinuxとともに出てきた感があります。

その後、NECのLinux推進に関わり、社外的にも日本Linux協会(JLA)で活動、Open Source Development Labs(OSDL、現Linux Foundation)のジャパンラボの設置、日本OSS推進フォーラムの活動などに関わりました。

そんな中、2003年、米国でSCOがIBMをUnixとLinuxに関連して提訴した事件が起きたのです。これをきっかけにLinuxの著作権や特許権について調べるようになり、法務部・知的財産部とともに社内問い合わせ窓口を担当しました。システム構築案件でLinuxを使って大丈夫かと心配するお客様に対応する営業からの問い合わせ窓口です。この騒動自体は1～2年してすぐに鎮静化し話題にも挙がらなくなりました。代わって、開発部門からのOSSライセンスに関する問い合わせが増えました。これに対応するため、教育テキストを作成し国内の開発拠点をまわり教育を実施しました。

2008年、OSSライセンス教育の外販を始めました。NEC社内のLinux推進からOSSライセンスのコンサルティングに特化したビジネスを始めたのです。ファーストユーザーは大手通信キャリアのOSS部門でした。同年、Web記事で「企業技術者のためのOSSライセンス入門」(全6回)を始めると、予想を上回る反響がありました。10年たった今でも、この記事が一番わかりやすいと有償セミナー(講義)の申し込みがあります。ただ、この好評であった連載記事でもうまく説明できていなかったことがあります。GPLの対象範囲の説明です。この説明をするためには、著作権の話を前面に持ち出さなければならず、当時はまだうまい説明の仕方が思いつきませんでした。しかし、その後、結合著作物という概念を使うことにより、うまく説明できることに気づき、現在、有償講義テキストの半分以上は著作権の話になっています。著作物・

著作権がどういうものかを理解してもらってからOSSライセンスの条文を読んでもらえば、著作権行使の許諾条件が記載されていることが理解できるのではという流れです。

それまで存在したOSSライセンスの（主にGPLの）報告書は、OSSライセンス（特にGPL）を契約書とみなして、そこに遵守すべき項目がすべて記載されているという前提での解説ばかりでした。そのため「ソース開示の義務が発生する」といった文言で解説し、製品出荷後に義務を履行するように企業をミスリードしてきました。製品を出荷した時点で著作権行使であり、著作権侵害にあたることを解説していませんでした。「厳密に遵守しなければ、OSSの落とし穴にはまる」と警鐘を鳴らしているつもりで、実際は読者を落とし穴にはめていた印象を受けました。しかもなかなか自覚をしてくれない様子でした。これではOSSライセンスを正しく理解できるはずがありません。

そのような状況を苦々しく思い、2013年、著作権情報センター（CRIC）発刊「著作権・著作隣接権論文集 第9回」で佳作入選した論文「OSSライセンスとは～著作権法を権原とした解釈」では、GPLを「契約の債権」より「著作権」を権原とした解釈が適切であることを論述しました。

同様に本書では、OSSライセンスを正しく理解するために著作権を主眼点において解説しています。プログラマーは、文字をつづってプログラムという著作物を創作するという点においては、文芸作品を創作する作家と同じように著作権を意識する必要があります。

著作権について理解してから、OSSライセンスについて理解する、そのような段階を踏んで理解することが苦手な人もいるでしょう。そこは少々我慢して、一つひとつ理解を進めましょう。短絡的な表現はわかりやすいかもしれませんが、特定の場合にしか当てはまらない、または、どの場合にも当てはまらない表現であることが少なくありません。そのような表現で「わかったつもり」になってしまっては、間違った前提で理解を進めてしまいがちです。

本書が読者のOSSライセンスの正しい理解に役立ち、OSSを上手に活用されることにより、読者のさまざまな活動に少しでもお役に立てば幸いです。

2021年9月

姉崎 章博

目次 contents

CHAPTER-01
OSSの基礎

CHAPTER-02
OSSライセンスの概要

CHAPTER-03

OSSライセンスの都市伝説

CHAPTER-04

OSSを使ったビジネスで気をつけること

CHAPTER-05

トラブル回避のための基本的な施策案

CHAPTER-06

コンサル事例

CHAPTER-07

著作権法とNEC創立の関係

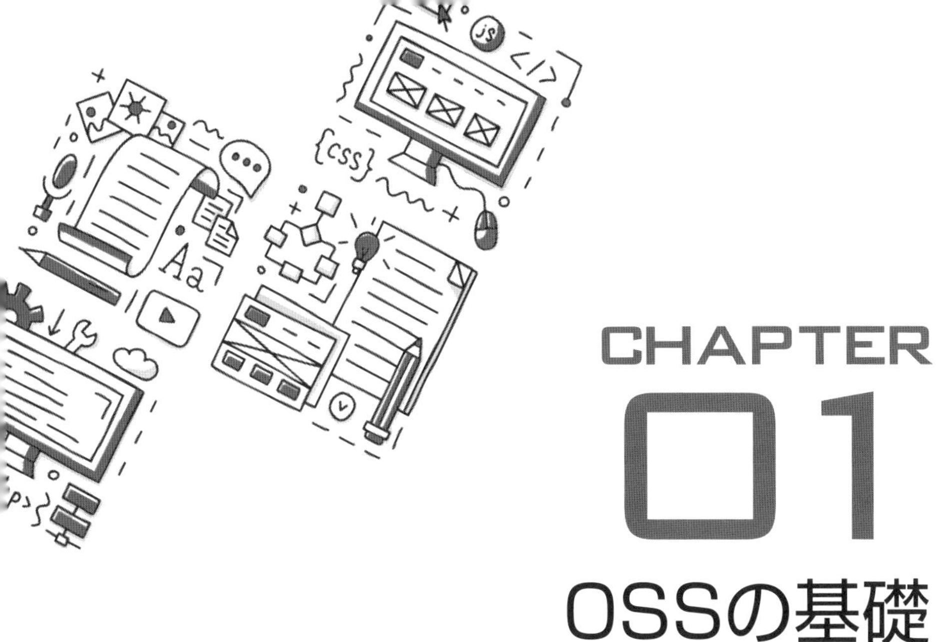

CHAPTER 01 OSSの基礎

本章の概要

オープンソースソフトウェア(以下、OSS)ライセンスを正しく理解するために、本章では、OSSの基礎的な話を紹介します。

SECTION-01

OSSの普及と問題点

OSSとは、LinuxやApacheなどのコンピュータ・プログラム(以下、プログラムと略す)のことです。同じプログラムを「フリー(自由)ソフトウェア」とも呼びます。このようなプログラムは、いろいろなところで普及しています。

しかし、一部で無料ソフトウェアと紹介され、誤った印象で受け取られることが多いのも事実です。たとえば、「OSSは無料でなければならない」とか、「OSSライセンスの問題は、企業がOSSを使うからいけないんだ」と誤解している人もいました。どれも、根拠のない話です。

また、「GPLのOSSは使うと提訴される」怖いものと過剰に反応し避けているだけでは、せっかくの生産性の向上の機会を失うことになります。OSSにとっても活用され発展する機会を失うことになってしまいます。

逆に、これらのプログラムは他人が作成したものであることを忘れて、問題を引き起こす人がいます。各組織の管理職は、組織におけるOSSの利用実態を把握し、問題のある状態で利用しないようにしましょう。

OSSの普及

現在、OSSと呼ばれるプログラムの普及の経緯について少々述べたいと思います。

◆インターネットとしての普及

OSSは「インターネット」とともに普及・発展し、インターネットを構成する多くのソフトウェアがOSSです。インターネットはインターネットワークつまりネットワーク間を接続するネットワークから始まっています。それまでは企業で規定されたネットワークアーキテクチャーごとにネットワークは分断されていました。それを相互接続するネットワークという意味でしたが、個別のネットワークアーキテクチャーはほとんど姿を消し、インターネットが実質標準となりました。

インターネットが普及する前1980年台に国際標準の場では、7階層のOSI(開放型システム間相互接続)という標準規程が策定されました。世界のコンピュータメーカー同士で相互接続実験も行いましたが普及はしませんでした。

一方、インターネットはなぜ普及したのでしょうか。OSIの実装に関わった者の感触としては、インターネットを構成するプログラムがフリーソフトウェアとして、通信するコンピュータ双方に同じプログラムが実装されることが大きかったのではないでしょうか。OSIは国際標準および実装仕様に従って各社で個別に実装していたため、大まかな動作では相互接続できていても異常系や高負荷時の動作まで実用的な相互接続は難しかったのです。

インターネットの場合は、異常系や高負荷時の動作も実際に遭遇し、実装されてきたため相互接続できるようになりました。プログラムのソースコードが共有され、試行錯誤されてこそのメリットでしょう。

◆組込み製品での普及

現在、我々の身近な物では、スマートフォンのAndroidがLinuxで動いています。デジタルTVなど家電製品でも動いています。プログラムの開発現場で使われているツールは、古くからOSSまたはOSS由来のものが少なくありません。クラウドサービスを提供するシステムの多くでOSSが活用されています。クラウドサービスを利用するためのツールを普及させるために、積極的にOSSとして公開している企業もあります。

ただ、OSS活用の領域をクラウドなどのIT分野と通信・家電などの組込み分野に分けると、組込み分野でのOSSの普及は比較的遅かったようです。組込み分野では、「プログラムはすべて自社で開発製造する」という文化および「プログラム資産は継承せず、製品ごとに作り直す」という文化が根強かったからではないでしょうか。それでも、キャリア向け通信機器用のLinux仕様策定や自動車業界向け車載機器用のLinux仕様策定で、家電以外での分野でのOSSの普及も進んできています。

これは、別の見方をすれば、業界標準化のツールとして、OSSが利用されているといえます。業界標準に対応するためにも、OSSライセンスを正しく理解する必要が出てきているのです。

問題点

OSSが普及すれば、OSSの扱いが誤っている人も出てきます。裁判になることもあれば、ネット上で非難の書き込みを見かけることもあります。この事態を「OSSの落とし穴」とか「OSSの影」とか表現する人がいますが、OSS側から見れば「盗人猛々しい」表現です。問題はOSSにあるのではなく、OSSを扱う側にあります。いくつかは、扱う側に、OSSも音楽や映像と同じく「著作物」であるという認識が足りないことに起因しているようです。

「盗人猛々しい」例を示すと、日本の小売店には鉄格子はなく商品を手に取ることができて、会計せずに店舗を出ると万引きとして窃盗罪で捕まります。この事態を鉄格子がなく商品を手に取ることができるようにしていることを「小売店の落とし穴」とか「小売店の影」とか表現し小売店を非難するような愚かさに似ています。

OSSの場合の問題点を下記に説明します。

◆著作物であるという認識が足りない

著作物のどういう扱いについて認識が足りないのか、放送映像とOSSを並べて紹介します（図1-1）。図の上段1.放送映像の場合、図の左から、民放のテレビ局から配信される放送映像は無料で視聴でき、一般家庭で録画し再生して何度も楽しむことが可能です。しかし、その録画映像を動画配信サイトなどで公開すると、放送映像の再頒布[1]（再配信）となり、著作権侵害となります。図の下段2.OSSの場合、図の左から 、OSS開発者がWebサイトなどに公開したOSSは、一般に無料でダウンロードでき入手した使用者はOSSを実行して、その機能を活用することが可能です。しかし、その入手したOSSを製品に組込み出荷するとOSSの再頒布となり、何もしないと著作権侵害となります。

[1]：「頒布」と「配布」は一般には、あまり使い分けられていませんが、「会議で配布した資料をWebに公開して頒布する」といった感じで、より広い範囲に提供されるイメージと解するとよいかもしれません。あと、通信販売で「頒布会」というのがあるように、「配布」は無料のイメージがあるのに対し、「頒布」は有償もあり得るイメージです。以降で「配布」と訳されている文章を引用しているところがありますが、「頒布」と読み替えていただいた方が妥当でしょう。

◉図1-1　著作物としての放送映像とOSS

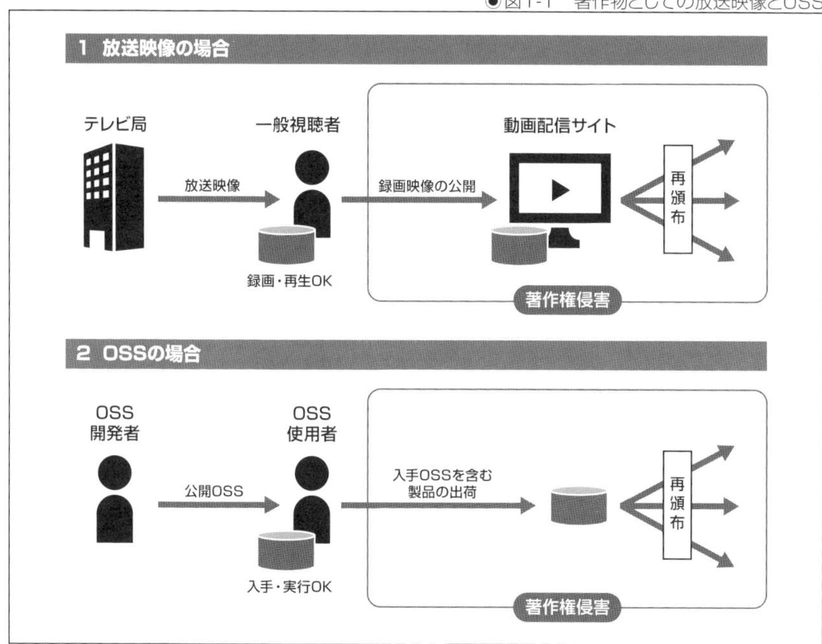

このように、OSSは放送映像と同様に無断で再頒布すれば、著作権侵害となる他人の著作物です。これは、OSSやOSSライセンスで規定したルールではありません。OSSライセンス条文を契約書のごとく熟読しても書かれていません。多くは、各国の著作権法で規定されています。また、各国の著作権法は、国際条約でおおまかに整合されています。つまり、OSSやOSSライセンスの外で規定された、より一般的なルールなのです。著作権侵害は、著作権法違反であり犯罪となります。

◆再頒布を許諾するOSSライセンス

放送映像と異なり、OSSの場合、(OSSと呼べるプログラムには)「OSSライセンス」が付属し共に頒布されています。OSSライセンスには、OSSを(改造および)再頒布する著作権の行使を許諾する条件が記されています。「著作権表示する」「ライセンス文のコピーを添える」「ソースコードを添える」などの条件です。個々のOSSで指定された条件を満足すれば、製品に入れて再頒布しても著作権侵害となりません。著作者[2]であるOSS開発者がその条件で「ライセンス(許諾)」しているからです。

[2]:『著作者　著作物を創作する者をいう。』著作権法第二条第一項第二号

ライセンス条件を満たさずに再頒布すれば、一般に「ライセンス違反」です。これは、「ライセンス契約違反」という意味ではありません。ライセンス条件を満たしていなければ、著作者が許諾していない著作権の行使ですから、「著作権侵害」であり「著作権法違反」の犯罪なのです。

著作権法違反にならないための対処方法

著作権法違反の犯罪を行ってしまわないようにするには、どうすればよいのでしょう。いくつかの対処方法を順に紹介します。

◆ 他人の著作物を使わない

他人の著作物を再頒布するから、他人の著作権を行使するのです。無断であれば、著作権侵害となります。であれば、他人の著作物を製品に含めなければよいのです。

大きな開発プロジェクトでは、外注先でOSSを無断で流用し納品してくるかもしれません。そのようなOSSの流用をソースコードの照合で検出するツールが販売されています。NECでは、Black Duck製品[3]を扱っています。他社のツールの中には、ソースコードを照合せずにファイル名の照合だけをする安価なツールも存在します。ファイル名が検出されても著作権侵害がファイル単位で行われるわけではないので、OSSをそのまま動作させて使用するシステム構築の場面などでしか有効ではないでしょう。

◆ 著作権を行使しない

他人の著作物を使う場合でも、他人の著作権を行使しなければ無断でも著作権侵害となりません。著作権を行使しているか否かを知るためには、ある程度、著作権について学ぶ必要があります。

著作権の世界では、著作権を行使する著作物の使い方を「利用」といい、著作権を行使しない著作物の使い方を「使用」といいます。本書では「オープンソースソフトウェアを上手に活用する方法」として、この「利用」と「使用」を意識して活用することをお伝えしたいのです。

なお、社内での著作権行使、たとえばOSSを含む社内システムの社内展開はOSSの複製であり著作権の行使ですが、OSSの多くの著作者は暗黙に許諾している現状があります。許諾しない場合は特別に意思表示されるものと解してほぼ問題ないでしょう。

---

[3]:Black Duck: OSS/Linuxソリューション | NEC(https://jpn.nec.com/oss/blackduck-hub/)

◆著作物を把握する

著作権を行使するか否かにかかわらず、他人の著作物であるOSSを使う場合、OSSの一覧表を作成し使用状況を把握することが管理の第一歩です。一覧表の詳細については、112ページで紹介します。

その上で、著作権を行使するか否かを判断し、行使する場合には各OSSの著作権行使の許諾条件であるOSSライセンス条件を満たす対処をします。

OSSライセンス条件を満たすために必要な、OSS、著作権、OSSライセンスについての解説を以降で順に述べます。

管理職の対処方法

OSSを使うにあたって管理職は、著作権違反しないために、OSS、著作権、OSSライセンスについて理解する要員(管理者)を割り当てて対処しましょう。その要員に求められる資質は、次のような3段階ほどの理解の積み重ねが可能なことでしょう。

1. OSSを上手に使うためには「OSSライセンス」を理解しなければならない
2. OSSライセンスを理解するには、OSSを正しく「著作物」と捉えなければならない
3. OSSを正しく著作物と理解するには、「著作権」についても理解しなければならない

この段階を踏むには、それなりの時間が必要です。専任の要員が必ずしも必要ではありませんが、はじめのうちは一定の時間を取りましょう。また、この理解の積み重ねを可能にするには、本人が興味を持っていることが望ましく、単に要員を割り当てただけでは難しいでしょう。

あるイベントでの講演後、大手家電メーカーの方が「OSSライセンスの対応をしたいけれども、上司が工数を認めてくれない」とぼやいていました。そういう興味を持った人を要員に割り当てないのはもったいない話です。現場の担当者は必要性を理解していても、管理職が理解していないだけかもしれません。管理職は、そのような担当者の声に、ぜひ、耳を傾けてほしいと思います。

SECTION-02

OSSの概要

OSSを単に「無料で自由に使えるソフトウェア」と捉えていると、著作権侵害を犯してしまうかもしれません。OSSとは何か、おさらいしておきましょう。

OSSとは

筆者は、おおまかにOSSを紹介する場合、「ソースコードを入手でき、改変と改変したコードの再頒布が認められたソフトウェア」と紹介しています。

もちろん、定義ではありません。また、プログラムが改善され、技術・機能が発展・普及していくことが目的の1つであり、無料で提供することが目的というわけではありません。

OSSのソースコードは、どこで入手できるかというと、開発プロジェクト/コミュニティや開発者個人のWebサイトなどから入手できます。小さなプロジェクトは、独自のWebサイトは立ち上げず、共有Webサービスを使って、その中だけで開発を行うケースが少なくありません。

そのまま実行できる実行形式のファイルが公開されているサイトもありますが、基本はソースコードが公開されています。ソースコードが入手できれば、コンパイル・リンクして実行形式をビルドすることができます。結果として、実行形式のプログラムを無料で入手できるので、「無料ソフトウェア」と称する人が多かったわけです。

しかし、「無料でなければならない」わけではありません。そのような定義はありません。ソースコードから実行形式を作成するためには、それなりの労力が必要です。その手間賃を有料として回収することは何も問題ありません。

OSSを格納したCD-ROMが販売されていることに対して、「ライセンス違反ではないか」という人を見かけることもありましたが、ライセンス条文を読んでいれば出てこない話です。それだけ、ライセンス文も読まずにライセンスを語る人が多いのでしょう。

OSSとフリーソフトの違い

OSSは、インターネット上のWebサイトの他、雑誌などの付録DVDで入手できることもあります。この付録DVDには、OSSだけではなく、他に2種類のソフトウェアが収納されています(図1-2)。

●図1-2 フリーソフトとOSSの違い

		著作権	ソースコード	例
(広義の)フリーソフト	フリーウェア/(狭義の)フリーソフト	有	非公開	Acrobat Reader
	OSS(オープンソースソフトウェア)/自由ソフトウェア(フリーソフトウェア)	有	公開	Linuxカーネル
	PDS(パブリックドメインソフトウェア)	放棄	公開	qmail

これら3種のソフトウェアは、無料で入手できることから、3つ合わせて全体を「無料ソフト」の意味で(広義の)「フリーソフト」と呼ばれることが多かったようです。しかし、OSSを扱う上では、「フリーウェア/(狭義の)フリーソフト」「OSS(オープンソースソフトウェア)/自由ソフトウェア(フリーソフトウェア)」と「PDS(パブリックドメインソフトウェア)」の3つを区別する必要があります。OSSは、ほかの2つと下記の違いがあります。

- フリーウェア/(狭義の)フリーソフトと違って、OSSはソースコードが公開されている。つまり、機能追加・移植・バグ修正など改変が可能。
- PDSと違って、OSSは著作権を放棄していない。また、著作権の一部を放棄したり、制限したりもしていない。つまり、再頒布する際には著作者指定の条件がある。

このように、OSSは単に無料で入手できるソフトウェアというわけではなく、誰かの著作物です。その認識を持つ必要があります。ソースコードを公開しているOSSですが、「著作権を放棄している」とか「著作権の行使が制限されている」という説明は間違いです。最近やっと「間違いである」という説明が増えてきた気がします。

著作権があるということは

OSSに著作権があるから、OSSの開発者は著作者として権利を行使できます。たとえば、次のようにいうことができます。

> ソースコード形式であれバイナリ形式であれ、変更の有無にかかわらず、以下の条件を満たす限りにおいて、再配布および使用を許可します。
> (「FreeBSD Copyright日本語訳参考」より)

著作物の複製、複製を可能とする公開、著作物の改変・再頒布は、著作者の専有する権利と著作権法で規定されているから許可することができます。権利があるから合意契約なしに認めることができるのです。

OSSライセンスとは、このような許諾(本来の「ライセンス」の意味)とその条件が書かれたものです。OSSを改変・再頒布しようとする者は、ライセンスに記載された条件を満たすことにより、著作者から許諾されて、改変・再頒布できるのです。条件を満たさずに改変・再頒布すれば、OSSの開発者、つまり著作者の専有する著作権を侵害することになり、その専有を規定した著作権法に違反します。

条件としてソースコードの開示を求めるライセンスもあり、ソースコードを開示せずに再頒布し提訴された事例があるため、OSSを使用するのは怖いと思っている人がいます。しかし、それは「小売店では商品を手にして見ることができるのに、会計せずに商品を手に入れると万引きで捕まる。小売店は怖い」と思っているようなものです。何が他人の権利を侵害する犯罪なのか正しく認識できれば、余計な不安を抱かずにOSSを上手に活用できるのではないでしょうか。

ソースコードと実行形式との関係

ここで、プログラミングに馴染みのない人、たとえば企業の法務部の方など向けに(コンピュータ)プログラミングの処理の解説をします。プログラミングの用語に馴染みのある読者は読み飛ばして構いません。

一般にWindows用プログラム商品として出回るのは、exe(エグゼ)ファイルなどの「実行形式」です。一方、OSS(オープンソースソフトウェア)はその名の通り、ソース(コード)が公開(オープンに)されたソフトウェアです。形式は違いますが、どちらもプログラムです。プログラムの「ソースコード」をコンパイル・リンクして作成するのが「実行形式」のプログラムです(図1-3)。

●図1-3　ソースコードと実行形式の関係

中身をもう少し詳しく見てみます。

◆ソースコード

プログラムは、はじめに文字列を記述して作成します。これが「ソースコード」です。文字列が記述されているので「テキスト形式」といいます。たとえば、Linux上、C言語でプログラミングする場合、hello.cというテキスト形式のファイルにソースコードを記述してプログラムを作成します(図1-4)。

●図1-4　ソースコード

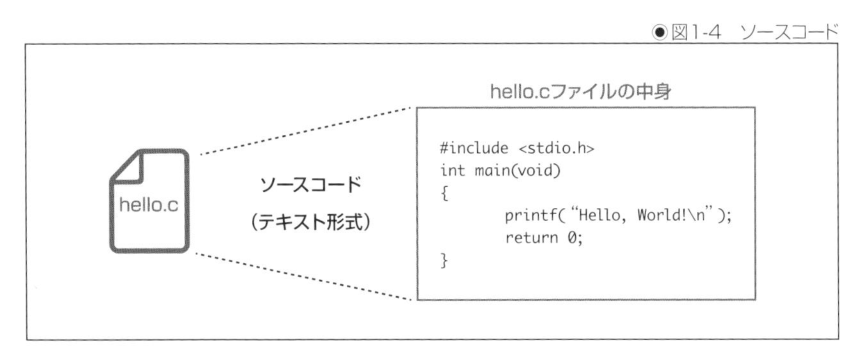

◆ オブジェクトコード

ソースコードをコンパイラと呼ばれるプログラムにかけると、コンピュータが理解できる「オブジェクトコード」(55 48 89 e5 …)に変換され、hello.oが作成されます(図1-5)。人が普通に読めないオブジェクトコードは、ソースコードのテキスト形式に対し、「バイナリ形式」といいます。ソースコード中の標準Cライブラリ関数「printf()」は、オブジェクトコードでは、実際の印刷作業のコードに変換されておらず、標準Cライブラリを呼び出すコードだけに変換されます。なお、Linux上の標準Cライブラリは一般にglibcというものです。ライブラリも、標準的に用意されたプログラム(オブジェクトコード)です。

●図1-5 オブジェクトコード(バイナリ形式)

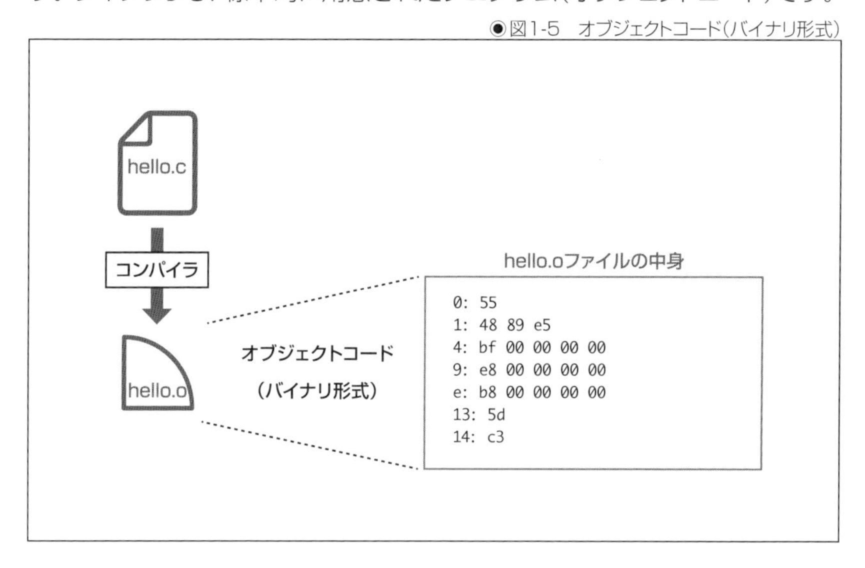

◆ 実行形式

標準Cライブラリは、すでにコンパイルされたオブジェクトコードがOS(Operating System、基本ソフト)に用意されています。libc.so.6というファイルです。これをリンカーと呼ばれるプログラムで結合すると、「実行形式」hello(Windowsでいえばexeファイル)が出来上がります(図1-6)。実行形式もバイナリ形式ですが、オブジェクトコード単体と違い、その名の通りOS上で実行できます。これを実行すれば、「Hello, World!」と表示されます。

このように、ソースコードから実行形式が作成できるため、ソースコードも実行形式も共に「Hello, World!」と表示する「プログラム」といいます。

●図1-6　実行形式(バイナリ形式)

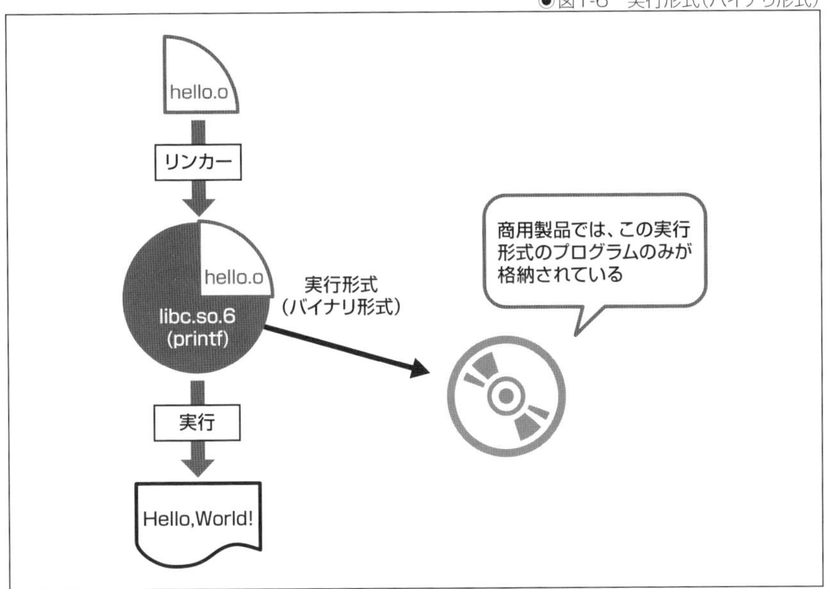

以上がソースコードと実行形式との関係です。

商用ソフトウェアは、この実行形式のプログラムのみが媒体に格納されて販売されています。それに対してOSSは、ソースコードが公開されています。テキスト形式のソースコード上で、表示する文字列を「Good Night」など好きなメッセージに変更し、コンパイル・リンクして実行することができます。

ソースコードは「プログラムの設計図」といわれることがありますが、設計図のような間接的なものではなく、もっと直接的なものです。上記のように直接、ソースコードから実行形式のプログラムを作成できるものです。

もう1つ、気をつけなければならないことがあります。商品として実行形式を流通させる場合、プログラマーが開発したオブジェクトコード(hello.o)が実行形式に含まれて流通するのは当然ですが、ライブラリのオブジェクトコード(libc.so.6など)も流通される場合が多いということです。ハードウェア製品の場合、含まれていなければ動作しないからです[4]。つまり、実行形式を頒布する行為は、プログラマーは自分のプログラムだけを頒布するように思い込んでいることが多いですが、実際には他人のプログラムであるライブラリを頒布する場合もあることに注意しましょう。

[4]:ソフトウェア製品の場合は、対象のOSに用意されているライブラリを使う前提で、共に頒布されない場合があります。

オープンソースの定義

「オープンソースの定義」(OSD)というものがあります。OSI(Open Source Initiative)という団体が、OSSの認定のために1998年に定義しました。それまで、「自由ソフトウェア(フリーソフトウェア)」と呼ばれていたものを、「オープンソースソフトウェア(OSS)」と言い換えるためです。現在、OSSと呼ばれるプログラムの出現順でいうと、だいたい次の3段階がありました。

1. 1970年代:UNIX文化の登場。ASIS無保証のソース配布
2. 1980年代:GNUプロジェクトによる自由ソフトウェアの開発開始
3. 1990年代:Mozillaソースコード公開に伴いOSIによるOSSの定義

OSIが自由ソフトウェアをOSSと言い換えた理由は、「(狭義の)フリーソフト」との区別の問題やその他マーケティング上の事情とありますが、世間での自由ソフトウェアへの誤解が多分に含まれていたのではないでしょうか。

OSIは、次の10項目の「オープンソースの定義」を満たした形で公開されたソフトウェアをオープンソースと認定しています。

- 1. 再頒布の自由
- 2. ソースコード
- 3. 派生ソフトウェア
- 4. 作者のソースコードの完全性(integrity)
- 5. 個人やグループに対する差別の禁止
- 6. 利用する分野(fields of endeavor)に対する差別の禁止
- 7. ライセンスの分配(distribution)
- 8. 特定製品でのみ有効なライセンスの禁止
- 9. 他のソフトウェアを制限するライセンスの禁止
- 10. ライセンスは技術中立的でなければならない

1～3項についてだけ簡単に述べると、入手したOSSは再頒布可能であり、そのソースコードも入手できる、さらに、ソースコードを改変することも可能であり、改変したものも頒布可能である、といった内容です。

一方、GNUプロジェクトは、「自由ソフトウェア」とは次の4つの自由を有するソフトウェアと定義しています。

- 0. どんな目的に対しても、プログラムを望むままに実行する自由(第零の自由)。
- 1. プログラムがどのように動作しているか研究し、必要に応じて改造する自由(第一の自由)。ソースコードへのアクセスは、この前提条件となる。
- 2. 身近な人を助けられるよう、コピーを再配布する自由(第二の自由)。
- 3. 改変した版を他に配布する自由 (第三の自由)。これにより、変更がコミュニティ全体にとって利益となる機会を提供できる。ソースコードへのアクセスは、この前提条件となる。

大まかな内容としては、「オープンソースの定義」(OSD)は、自由ソフトウェアの定義とあまり変わりはありません。しかし、GNUプロジェクトとしては、ソフトウェアの自由についての視点が欠けているとして、この言い換えに反対しています。

OSDの4項以降は、OSSらしさを失わないための注意書き的条件といえるものです。ソースコードは公開されていますが、これらの条件を満たさないために、OSSと認定はされないであろうソフトウェアは存在します。たとえば、商用利用を禁止(商用ライセンス購入時のみ許可)するソフトウェアは、ソースコードが公開されていても、6項「利用する分野に対する差別の禁止」の条件を満たしていません。したがって、「企業が商用目的でOSSを利用するからいけない」という人がいますが、そういう条件のプログラムがあるとすれば、このOSDに反しておりOSSと認定されません。OSDの解説には、「筆者たちは、営利的なユーザも筆者たちのコミュニティに加入してくれることを望んでおり、彼らがそこから排除されているような気分になっては欲しくないのです」と、むしろ、逆の認識が書かれています。OSSの利用目的が、商用か非商用かはまったく関係がありません。

また、OSDは「オープンソースの定義」であって、「オープンソースライセンスの定義」と勘違いしてはいけません。OSDは「ソフトウェアをオープンソースと認定」するために定義されたにもかかわらず、現在のOSIの活動は、「オープンソースライセンスと認定」するものになってしまっているため、OSDを「オープンソースライセンスの定義」と誤解している人を多く生み出してしまっているようです。

OSSの初歩的な活用方法

OSSの初歩的な活用方法は、OSSの開発者つまり著作者の著作権を行使しない使い方だけにとどめることです。

そうすれば、著作者の許諾も必要ありませんから、許諾条件であるOSSライセンスの条文の中身を気にする必要がなく、「楽に」OSSを活用できます。

たとえば、次のような使い方です。

- OSSのコンパイラ・リンカを使って、自分の著作物のソースコードをコンパイル・リンクし、実行形式のプログラムを作成する。頒布はしない(頒布するとたいていの場合、リンクした他人の著作物の著作権を行使することになる)。
- OSSのデバッガで、自分のプログラムをデバッグする。
- OSSの性能測定ツールで、自分のプログラムの性能テストを実施する。
- OSSでファイル共有フォルダを作成し、商用プログラムの開発プロジェクトの開発資料を格納しプロジェクトメンバで共有する。
- OSSのWebサーバーで、社外Webサイトを構築し商品情報を発信する。
- OSSでプライベート・クラウドを構築し社内サービスを提供する(たいていの場合、社外サービスを提供しても他人の著作権を行使することは少ない。ただ、Webサービスで他人のJavascript(著作物)を頒布して著作権行使してしまう可能性がある。また、著作権行使しなくても社外サービスに使用する際に条件を課す特殊なOSSライセンス(AGPL)も存在する)。

OSSと呼ばれる以前に、フリーソフトウェアと呼ばれるものが出現して以来、このような使い方が一般的であったため、多くの人がOSSライセンスを気にせずにOSSの機能を享受してきました。

SECTION-04

著作権の概略

OSSは、著作権を行使していなければ、OSSライセンス条文を気にせずに楽して活用できます。そこで、著作権を行使しているかどうかを判断するために、著作権の概略をお話ししましょう。

著作権と特許権の比較

著作権に疎い企業の方でも、特許権には少々なじみがあるかと思います。そこで、著作権と特許権の特徴を比較してみます(表1-1)。

◉表1-1　著作権と特許権の比較

	著作権	特許権
対象	表現(作品、著作物)	アイデア(発明)
発生時期	創作した時点	特許庁に登録時点
法律の目的	文化の発展に寄与すること	産業の発達に寄与すること

特許権の対象は「アイデア」(発明)ですが、著作権の対象は「表現」(作品、著作物)です。特許権は、特許庁に登録されて発生する権利(「方式主義」という)ですが、著作権は登録なしに創作した時点で発生する権利です(「無方式主義」という)。

また、特許法、著作権法の第1条で述べられている各法の目的は、それぞれ、「産業の発達に寄与することを目的とする」「文化の発展に寄与することを目的とする」です。発明者や著作者の権利の保護は、目的を達成するための手段という位置づけになっています。

多くの人が本来の目的ではなく、目的を達成するための手段である権利の保護を各法の目的と捉えてしまっているため、文化・産業の発展を阻害するような権利強化に走る傾向にあるので注意しましょう。

著作物とは

著作物は、簡単にいうと「創作したもの」であり、著作権法第十条で、次の9種類が例示されています。

一　小説、脚本、論文、講演その他の言語の著作物
二　音楽の著作物
三　舞踊又は無言劇の著作物
四　絵画、版画、彫刻その他の美術の著作物
五　建築の著作物
六　地図又は学術的な性質を有する図面、図表、模型その他の図形の著作物
七　映画の著作物
八　写真の著作物
九　プログラムの著作物

例示ですから、これに限定されません。事実、プログラムの著作物は1985年（昭和60年）の改正で追加されましたが、前々年の裁判でプログラムは著作物として保護する判決が出ています。今後、わかりやすいように、著作権法を改正し例示として追加されたのです。

また、これら9種類のものでも、特に創作性が認められないものは著作物として保護されません。つまり、「プログラムは著作物」と定義されているわけではないのです。著作物には「プログラムの著作物」もあるというだけです。

著作者の権利の種類

著作者は、「著作物を創作した者」です。著作者は、著作物に対して、大きく分けて2種類の権利を持ちます。「著作者人格権」と（狭義の）「著作権」です。さらに、それぞれ3個と12個の権利があります（図1-7）。この個々の権利を総称して「支分権」と呼びます。

◉図1-7　著作者の権利（支分権）

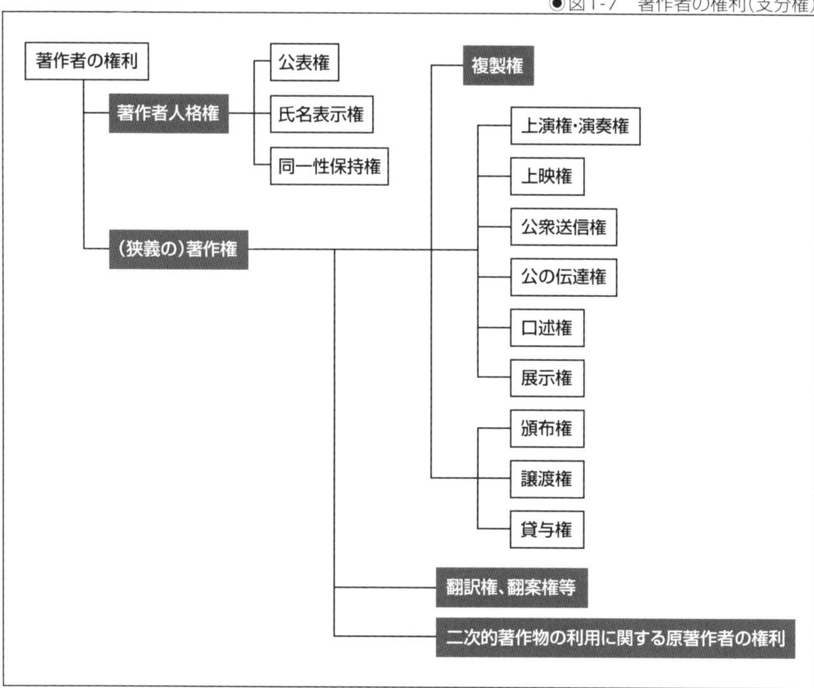

支分権のうち、「複製権」「翻訳権、翻案権等」「二次的著作物の利用に関する原著作者の権利」の3つについて、著作権法上の定義を見てみます。

（複製権）
第21条　著作者は、その著作物を複製する権利を専有する。
・・・
（翻訳権、翻案権等）
第27条　著作者は、その著作物を翻訳し、編曲し、若しくは変形し、又は脚色し、映画化し、その他翻案する権利を専有する。
（二次的著作物の利用に関する原著作者の権利）
第28条　二次的著作物の原著作物の著作者は、当該二次的著作物の利用に関し、この款に規定する権利で当該二次的著作物の著作者が有するものと同一の種類の権利を専有する。

このように、著作者であるOSSの開発者が、OSSという「著作物を複製する権利を専有する」と定義されています。その権利があるから、OSS開発者がその複製・再頒布を許諾することや許諾条件をOSSライセンスとして指定することが可能なのです。

ソフトウェア開発者にとって、特許権に比べると著作権は馴染みが薄いかもしれません。しかし、特許権は産業上の財産権であるので産業に関わらなければ関係しませんが、著作権は日常生活でも関与してくることがあり、より多くの人が知っておくべき権利です。そのため、文化庁をはじめ、著作権情報センター(CRIC)など著作権にかかわる団体のWebページで小学生向けから教材が公開されています。

- 文化庁 :著作権に関する教材, 資料等

  URL http://www.bunka.go.jp/seisaku/chosakuken/seidokaisetsu/kyozai.html

- 著作権情報センター(CRIC) :著作権教育のご案内

  URL http://www.cric.or.jp/education/index.html

これらの無料の教材をうまく活用して著作権についても理解を深め、OSSをうまく活用していただきたいと思います。

SECTION-05

OSSを使う利点と欠点

OSSをOSSとして使う者にとっては利点も欠点もあまり気にしないかもしれません。しかし、企業の人間が業務で商用ソフトウェアの代わりに使う局面では昔からいくつかいわれてきました。筆者は、OSSを使う利点と欠点を下記のように捉えています。

OSSを使う利点

OSSを企業などで使う利点は、長らく「無料であること」といわれることが多かったと思います。気になったプログラムがあれば、費用をかけずに動かして試してみることができます。

しかし、使ってみるとそうでもないこともあります。長いスパンで見てみると、余計に費用がかかることもあります。たとえば、コンピュータシステム構築で、ソフトウェアスタックを積み上げる場合を考えてみます。1980年代まで主流であったメインフレームでは、メインフレーマーが検証済みのソフトウェアスタックを用意していました。それがUNIXおよびWindowsの出現により1990年代に水平分業が起こり、オープンシステムという言葉がもてはやされた時期がありました。次にオープンソースソフトウェア(OSS)の普及により、2000年代にOSSのサポート業者が出現し、さらなる水平分業が進みました(図1-8)。

●図1-8　ITシステムの変遷

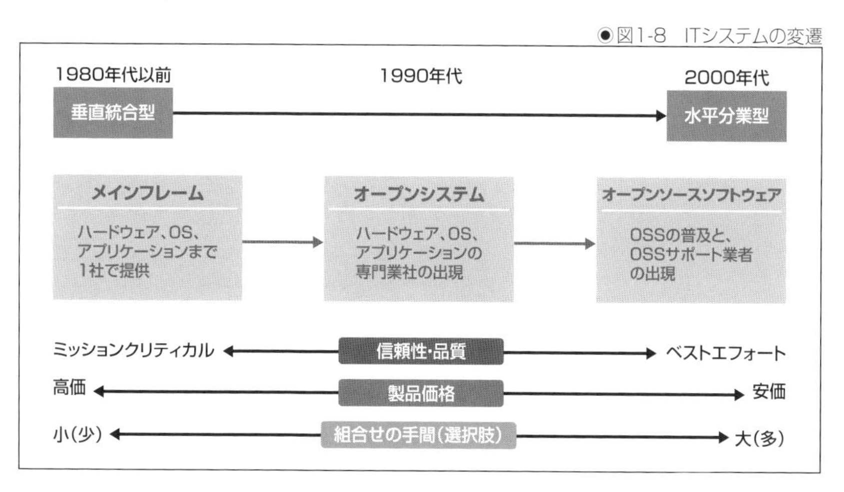

メインフレーム時代は、メインフレーマーが用意した少ないソフトウェア(およびハードウェア)の組合せで高価でしたが、組合せの動作検証済みのソフトウェアスタックを使うのが通常でした。ユーザーごとには、業務アプリケーションとの組合せ検証し比較的ミッションクリティカルなシステムを構築しやすいものでした。オープンシステム時代は、ハードウェアとOS、ミドルウェアの組合せの選択肢が増え安価になりつつありましたが、組合せの手間は増えました。UNIXプロバイダーによって推奨のソフトウェアスタックを示すことにより統制を維持しようとはしていました。オープンソースを使い出すと、さらに選択肢が増えた上に統制するものが存在しないため組合せの手間は増え、その不確実性ゆえにミッションクリティカルな場面ではなかなか使用しにくい面が出てきました。世の常として、安価な選択肢が増える分、自己責任が増えるものです。

これについて過去に、日本OSS推進フォーラムにて、2004年度のサポートインフラWG[5]の活動として、次のような内容のレポートを作成しました。

最初、OSSのサポートは利用者自身が担うしかなく、「OSSは自己責任」といわれていました。しかし、OSSのサポートを担う専門業者やシステム構築業者(SIer)が現れ、さまざまなサポートレベルを他者に委託することが可能になりました。オープンソースのサポートは自己責任で担うだけではなく、自己で委託するサポートレベルを選択可能になったわけです(図1-9、図1-10)。たとえば、両図で示す①~⑤のようなレベルをユーザー自身がどこに依頼するか選択可能です。

●図1-9 サポート先の分類例

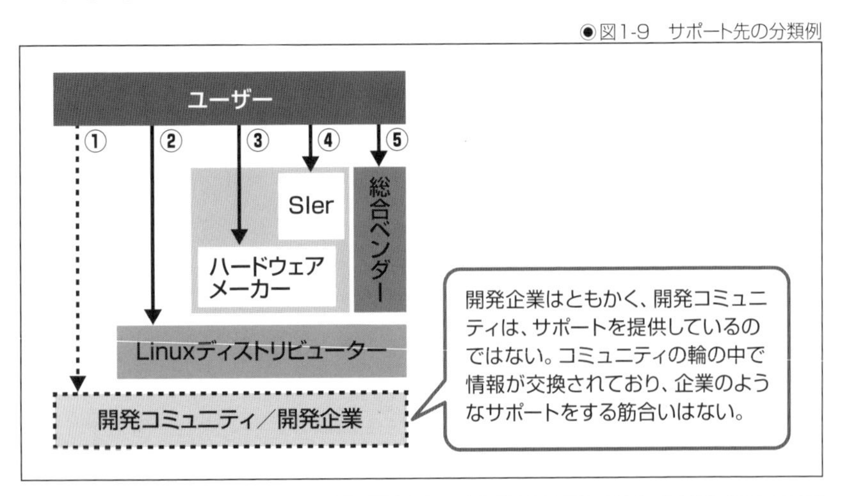

[5]:日本OSS推進フォーラム サポートインフラWG(http://ossforum.jp/support)。ただし、2021年8月10日現在ではdeadlinkのため、レポートのみNECサイトで公開(https://jpn.nec.com/oss/osslc/article.html?#article06)

●図1-10　サポート作業の分担先の例

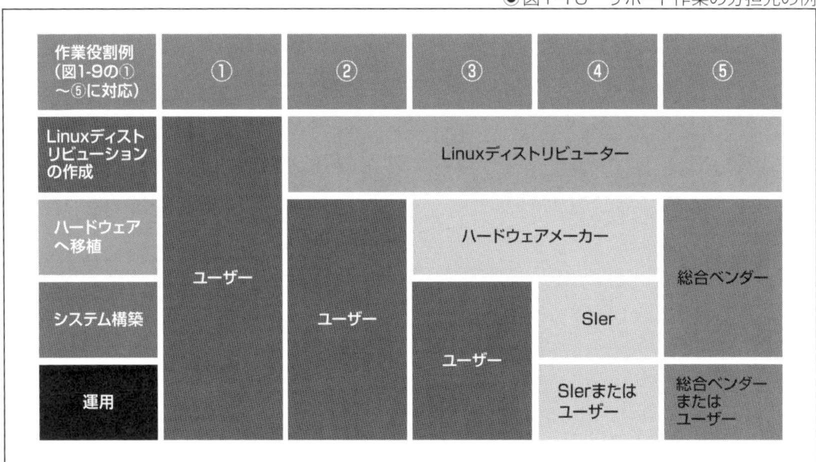

しかし、レベル④、⑤のように数多く水平分業となったさまざまなプログラムの組合せの検証を他社に依頼すれば、検証済みのソフトウェアスタックを購入するより、手間がかかる分、費用がかかることは容易に想像できるでしょう。

このようなことを考えると、OSSの本質的な価値は、「公開されているソースコードを理解し、自分のものにした者が自分のプログラムのように扱える」ところにあるといえます。つまり、レベル①のように他社にサポートを期待しなければ、コストパフォーマンスは最大となります。

OSSの欠点

OSSを企業などで使う欠点としては、「サポート事業者が少ない」「動作保証がない」などが挙げられることが多かったのですが、少しずつ改善しています。「動作保証がない」ことについては、商用ソフトウェアでもほとんどはプログラム単体での「動作保証がない」ことが知られていないことに起因しています。

前述のOSSを使う利点を享受するためにプログラムを自分で理解する者にとって、サポート事業者に頼る必要や動作を他人に保証してもらう必要性はあまりありません。無料で入手した他人のプログラムとして扱った上で、動作保証・サポートも他人の誰かがしてくれると思い込むのは、あまりに虫のいい話です。

一方、OSSは自分自身のものではないこと、つまり、他人の著作物の扱いに慣れていないことが多くの利用者、特に開発者にとっての欠点となります。これは、OSSの欠点ではなく、著作権に慣れていないという日本に限らない社会での欠点なのでしょう。

というのは、著作物としてはプログラムより身近な音楽の扱いでも、著作権を誤解している例を見かけるからです。創作した曲を無断で利用された人が「勝手に利用するなら、金を払え」とクレームを入れると、「(JASRACなどに)登録しているのか?　金がほしければ登録してから文句を言え」というやり取りをネットで見かけたことがあります。

このような誤解は、著作権は、創作した時点で発生し、なんら登録や手続きは必要としないことを知らないために起きるのではないでしょうか。利用を許諾するための条件として、金銭を要求するか、他の条件を付けるかは著作者の自由です。自分の所有物の利用を他人に許諾するときの条件は、所有者の勝手であることと同じです。金銭を要求するのに、どこかの店舗に登録する必要があるわけではありません。金銭で許してもらえず、著作者に告訴されれば、著作権侵害の犯罪として罰せられます。そういう「著作権侵害は犯罪である」という認識が不足しているところが、OSSを扱う上での欠点のようになっていると思います。

神戸大学法学部の島並良教授は著書『著作権法入門』(有斐閣)にて、有体物の所有権と無体物の著作権は「ものへの支配権」として、くくることができることを紹介しています。ものが生まれたときから、誰かのものという点では同じように扱われるのです。しかし、有体物への「ものへの支配権」である所有権に比較して、無体物への「ものへの支配権」の1つである著作権に対しては、多くの人が慣れていないのが現実です。

著作権に基づくOSSライセンスを正しく理解してもらい、この欠点を補い、OSSを多くの方々に有効活用していただこうというのが、本書の狙いです。

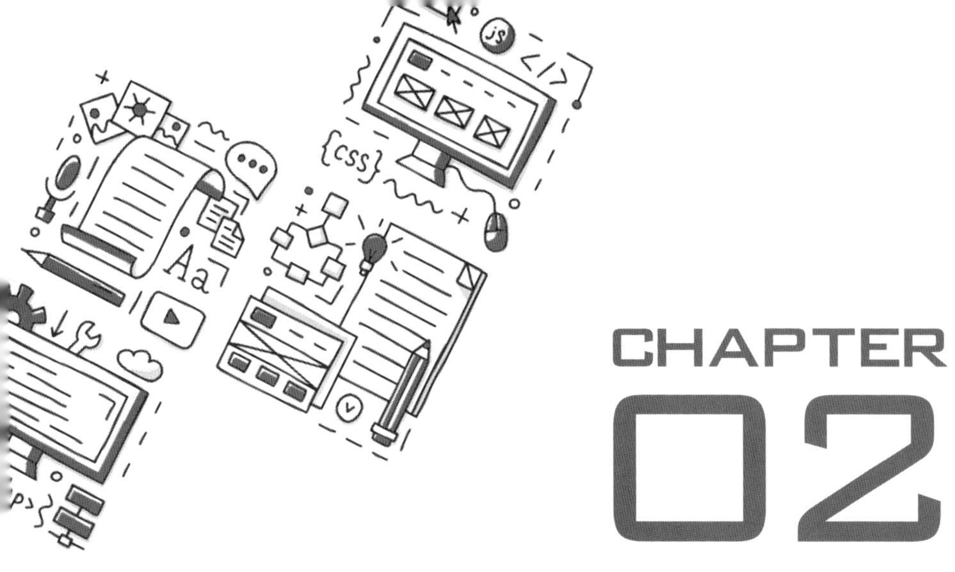

CHAPTER 02 OSSライセンスの概要

本章の概要

本章では、まず、OSSライセンスの条文を少しだけ眺めてみたあと、4つに分類する手順を示し、OSSライセンスの条件を概観します。また、OSSライセンスの理解を深めるために、適切に理解していなかったためにトラブルとなった事例をいくつか紹介します。

OSSライセンス条文の例

「OSSライセンスは、OSSの扱い方を規定したルールである」と紹介されることもありますが、OSSの扱い方全般を規定しているわけではありません。前述したように、著作者の著作権の行使を許諾しているのがOSSライセンスです。その許諾する条件がライセンス条文に書かれています。具体的にOSSライセンスには、どのようなことが書いてあるか、一度はきちんと読んでみましょう。

OSSライセンスの条文のうち、「BSDライセンス」(Berkeley Software Distribution License)と呼ばれるライセンス[1]は、下記のようにプログラムの先頭部分に書かれるぐらい短いので、比較的読みやすいかと思います。

●FreeBSDのBSDライセンスの条文例(FreeBSD_10_1\src\sys\fs\nfs\nfs_commonacl.cより)

```
/*-
 * Copyright (c) 2009 Rick Macklem, University of Guelph
 * All rights reserved.
 *
 * Redistribution and use in source and binary forms, with or without
 * modification, are permitted provided that the following conditions
 * are met:
 * 1. Redistributions of source code must retain the above copyright
 *    notice, this list of conditions and the following disclaimer.
 * 2. Redistributions in binary form must reproduce the above copyright
 *    notice, this list of conditions and the following disclaimer in the
 *    documentation and/or other materials provided with the distribution.
 *
 * THIS SOFTWARE IS PROVIDED BY THE AUTHOR AND CONTRIBUTORS ``AS IS'' AND
 * ANY EXPRESS OR IMPLIED WARRANTIES, INCLUDING, BUT NOT LIMITED TO, THE
 * IMPLIED WARRANTIES OF MERCHANTABILITY AND FITNESS FOR A PARTICULAR PURPOSE
 * ARE DISCLAIMED.  IN NO EVENT SHALL THE AUTHOR OR CONTRIBUTORS BE LIABLE
 * FOR ANY DIRECT, INDIRECT, INCIDENTAL, SPECIAL, EXEMPLARY, OR CONSEQUENTIAL
 * DAMAGES (INCLUDING, BUT NOT LIMITED TO, PROCUREMENT OF SUBSTITUTE GOODS
 * OR SERVICES; LOSS OF USE, DATA, OR PROFITS; OR BUSINESS INTERRUPTION)
 * HOWEVER CAUSED AND ON ANY THEORY OF LIABILITY, WHETHER IN CONTRACT, STRICT
 * LIABILITY, OR TORT (INCLUDING NEGLIGENCE OR OTHERWISE) ARISING IN ANY WAY
 * OUT OF THE USE OF THIS SOFTWARE, EVEN IF ADVISED OF THE POSSIBILITY OF
 * SUCH DAMAGE.
 *
 */
```

[1]:「BSDライセンス」というメジャーな条文は存在しません。FreeBSD CopyrightやPostgreSQL Licenseなどを『総称』して「BSDライセンス」と呼ばれています。

一方、その他のライセンス条文はというと、Linuxカーネルのライセンスであるgnu General Public License[2](以下、GPLと略す)は印刷すると数ページ以上になり、なかなか読むのに苦労する代物です。

しかも、条文の原文はほとんどが英文です。再頒布の際、受領者に提供するライセンスの条文は原文となります。ただし、ありがたいことに各コミュニティの日本語サイト[3]やOSG-JPサイト[4]に日本語参考訳があるので、誤訳もありますが、そちらから読み始めると取っつきやすいかと思います。

これらの条文は、OSSライセンスによって表現はさまざまですが、おおむね次のような条件が書かれています。

1 著作権表示、ライセンス条文本体、免責条項を見えるように(コピー)すること
2 バイナリのソースコードまたはそれを提供する旨の申し出を添付すること

1の条件は、ほぼすべてのOSSライセンスに存在する条件です。2の条件は、GPLなどに存在する条件です。ただし、ソースコードの範囲がライセンスによって(主に、GPLとそれ以外で)異なることに注意が必要です。この2の条件をまとめて「ソースコードの開示」または「ソース開示」と筆者は呼ぶことにしています。

なお、多くの人が、GPLには2の条件しかないと誤解しているので注意が必要です。ソースコードが入手できれば1のコピーは入手できるからだと思います。そのため、GPLのOSSのバイナリの頒布にライセンス名だけで、ライセンス条文本体を付けていないケースをしばしば見かけます。GPLを読めばわかることですが、GPLの条件は1に加えて2があります。

24ページで紹介したように、GPLが出現したときにはすでに多くのBSDのOSSは存在していました。そのため、BSDのプログラムを利用してGPLのプログラムが作成されることが少なくなかったでしょう。そうすると、GPLのプログラムの頒布は、BSDのプログラムを再頒布することになるので、再頒布の条件としてGPLはBSDライセンスの条件を包含する上位互換[5]である必要があったのでしょう。

[2]:https://www.gnu.org/licenses/old-licenses/gpl-2.0.html、参考:八田真行氏日本語訳(https://licenses.opensource.jp/GPL-2.0/GPL-2.0.html)。ただし、「License」を「許諾契約書」または「契約書」と和訳しているのは、八田氏の誤訳です。「許諾契約書」ならば「License Agreement」でしょう。八田氏自身、GPLv3和訳(https://licenses.opensource.jp/GPL-3.0/GPL-3.0.html)では「許諾書」と和訳を修正しています。
[3]:FreeBSDプロジェクトの例(https://www.freebsd.org/ja/copyright/freebsd-license/)
[4]:OSG-JP オープンソースライセンスの日本語参考訳(https://licenses.opensource.jp/)
[5]:この道理を理解していないのではないかと思われるOSSライセンスも存在します。

SECTION-07

ライセンスとは

そもそも、OSSライセンスの「ライセンス」とは何でしょうか。金子宏直氏の『ライセンス契約Section 1 ライセンス概論』(日本評論社)によれば、次の通りです。

> ライセンス(license)はラテン語で許可もしくは同意といった意味を表す"licentia"という言葉が起源とされる。(省略)17世紀後半には英国の判決で、ライセンスとは、なんら財産や利益の移転や財産の移転・変更をせずに、ライセンスが行われなければ違法になる行為を合法にすることであるとの定義が現れる。

つまり、OSSライセンスの場合、「ライセンス条件が行われなければ著作権法違反になる行為を合法にすること」が「ライセンス」の意味となります。ですから、各OSSライセンスは、OSSという著作物に対して、複製権などの著作権の行使を許諾する条件を著作者が示したものです。なお、複製権の行使とは、たとえば、OSSという著作物をCDに焼いて複製することのほか、Webにアップロードしてダウンロード可能な状態、つまり、複製可能な状態にすることも含まれます[6]。

このように指定される条件は、契約と違い制限があります。契約の場合、公序良俗に反しなければ「契約内容自由の原則」により、当事者間で合意した内容であればよく、契約内容にあまり制限がありません。

しかし、OSSライセンスの場合は、著作権として与えられている権利しか行使条件にしていないのです。現在、OSSと呼ばれることの多いプログラムは、1998年に「オープンソースソフトウェア」という言葉が生まれるまでは、「フリーソフトウェア(自由ソフトウェア)」とだけ呼ばれていました。

[6]:ここでの、ダウンロード可能にすることは、著作物の『提示』をしているのではなく、著作物の『再製』所有を許諾しているので「複製権の行使」なのです。

その自由ソフトウェアの説明でも次のように紹介されています。

> 自由ソフトウェアとは?
> 　ほとんどの自由ソフトウェアのライセンスは、著作権を元にしています。そして著作権によって課することができる要求には制限があります。
> （『自由ソフトウェアとは?』[7]より）

このように、「OSSライセンスとは、著作権によって課することができる範囲で、著作権の行使の条件を示したものである」と理解することにより、「それ以外にとんでもない条件を課されているのではないか」という不安は払拭できるのではないでしょうか。

[7]:『自由ソフトウェアとは?』(https://www.gnu.org/philosophy/free-sw.ja.html)

OSSライセンスと著作者の関係

OSSライセンスの条文だけを読んで、OSSの扱い方がわかると思い込んでいる方は多いですが、実は、本末転倒な扱いです。OSSの権利者は開発者である著作者です。著作者がその著作権を専有していますから、著作権の行使の条件として、OSSライセンスを指定(選択)しているのです。決して、OSSライセンスに従って、OSSが存在しているのではありません。たとえば、OSSの1つLinuxカーネルを例にとると、著作者は開発者であるリーナス・トーバルズ氏です(図2-1)。Linuxカーネルを改変・再頒布する権利を含む著作権は、著作者が専有します。著作者が専有する権利の行使を他者に許諾する条件として、OSSライセンスの1つGPLを選択しているのです。GPLの著作者であるGNUプロジェクトに、Linuxカーネルの改変・再頒布の条件を指定できる権利はありません。GPLは、GNUプロジェクトで開発したプログラム(著作権はフリーソフトウェアファウンデーションに譲渡されている)に指定するために作成したライセンスです。リーナス・トーバルズ氏がそれをLinuxカーネルにも活用させてもらっている形なのです。

◉図2-1　OSSの著作者以外にOSSに条件を指定できる権利はない

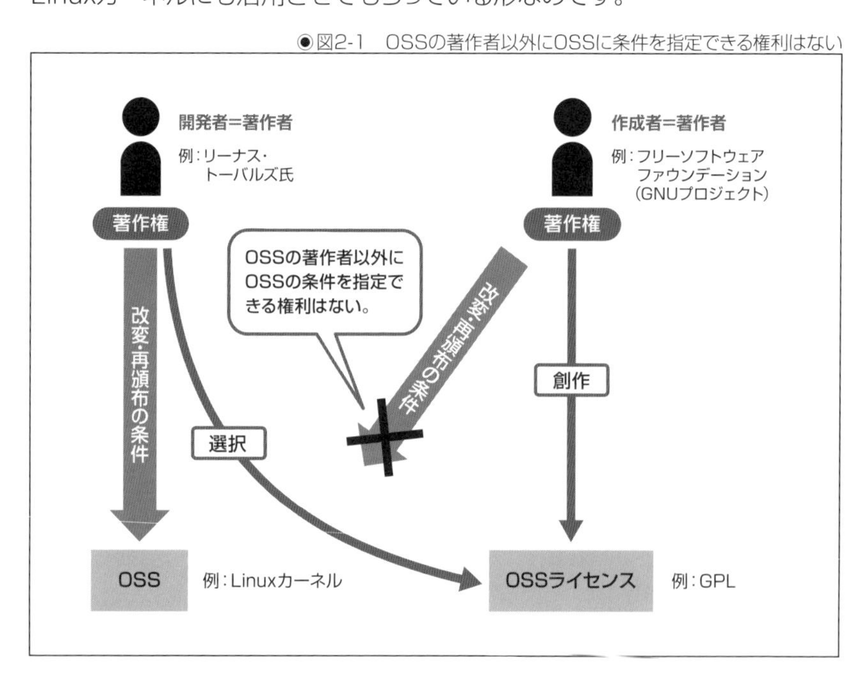

これについて、フリーソフトウェアファウンデーション(FSF)は、次のように述べています。

> もしGPL、LGPL、AGPL、あるいはFDLに違反すると思われる事例がありましたら、(省略)もし著作権者がフリーソフトウェアファウンデーション自身だったならば、どうか<license-violation@gnu.org>までご報告下さい。(省略)GPLやその他のコピーレフトなライセンスは、著作権に基づくライセンスであることに注意して下さい。これは、違反に対して行動を起こす権限があるのは著作権者のみであるということを意味します。FSFは、FSFが著作権を持つコードに関して報告されたあらゆるGPL違反に対して行動しますし、また違反を見逃したくないと考える他の著作権者の皆さんにも助力を惜しみません。
>
> しかし、わたしたちは著作権を持っていない場合、自分で行動することができません。そこで、違反を報告する前にそのソフトウェアの著作権者は誰なのか調べるのを忘れないで下さい。
>
> 「GNUライセンスに対する違反」[8]より

OSSライセンスは著作者が示した著作権の行使条件の1つだとわかると、各OSSのWebサイト、付属文書など、OSSライセンス条文以外に著作者が指定した条件があり得ること、そして、それを留意して扱う必要があることもわかってくるでしょう。

たとえば、OSSの中にはOSSライセンス以外に商用ライセンスを選択できるものがあります[9]。主に企業が開発したOSSです。そのようなOSSのライセンスファイルの中に商用ライセンスの記載があることは、まずありません。多くは、OSSのWebサイトなどに商用ライセンスについての記載があります。このことからも、OSSライセンスの条文だけを熟読すればよいのではないことがわかるでしょう。

[8]:「GNUライセンスに対する違反」(https://www.gnu.org/licenses/gpl-violation.ja.html)
[9]:2つのライセンスから選択できるので「デュアルライセンス」などと呼ばれています。

同じプログラムでも、OSSライセンスを選択すればOSSとなり、商用ライセンスを選択すれば商用プログラム[10]になるわけです。ライセンスは提供される際に著作者により、選択・指定されるものです。決して、OSSライセンスはOSS自体に付属している属性のようなものではありません。多くのOSSがOSSライセンスと1対1の関係の場合が多いだけです。通常、プログラムのソースコードの頭部分に「〜License」とあり、OSSの属性かのように記載されています。既定値なのですが、別途、商用ライセンスで許諾されていれば、商用プログラムとして扱って構わないのです。

以上のように、著作者がOSSライセンスをどのように選択しているかを意識する必要があります。OSSも著作者が権利を有する著作物だからです。1つ面白い事例があります。ある企業が自社半導体のデバイスドライバをGPLで公開していました。そのデバイスドライバのソースコードにはGPLと記載していました。では、この企業がその半導体を使ったITRON製品にこのデバイスドライバを組み込んで出荷(頒布)する場合、GPLとしてソース開示する必要があるでしょうか。ITRONの多くはOSSではありませんので、デバイスドライバの著作者である企業が商用ライセンス(非GPL)として、ソース開示せずに製品出荷することは可能です。ソースコードにGPLと書いてあるか否かに制約は受けません。

このように、著作者の意図を無視して、OSSライセンス条文の内容だけに着目してOSSを扱っては適切な扱いはできません。OSSライセンスの位置づけを正しく理解しましょう。

[10]:商用ライセンスのOSSと言う人もいます。本来は、OSD上、ソース公開されなくなれば、どちらにしろ「オープンソース」と呼ぶことができません。

SECTION-09

OSSライセンスを4つに分類した例

本章の最初の節(36ページ)でOSSライセンスの条件を簡単に2つ紹介しましたが、筆者はソフトウェア製品開発者の立場に立って4つに分類しています。従来、ソース開示の観点だけで3つに分類する解説を多く見かけますが、筆者は4つに分類しています。図2-2に、OSSライセンスを4つに分類するフローチャートを示します。

◉図2-2　OSSライセンスの条件を4タイプに分類する方法

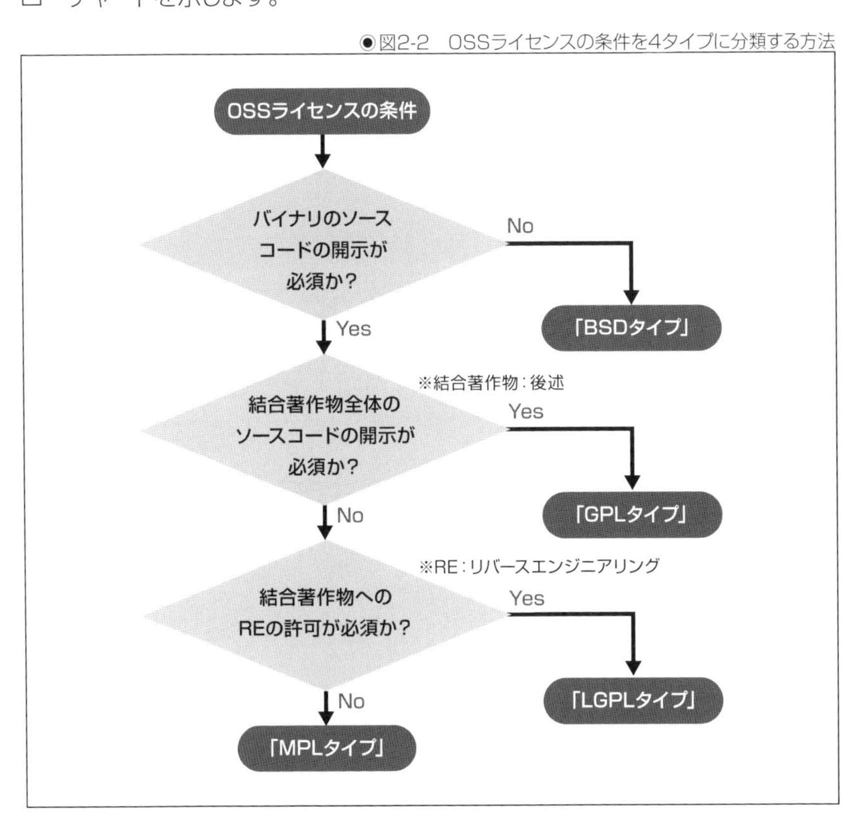

従来の「〜型」と区別しやすくするために「〜タイプ」と分類名をつけています[11]。

フローチャートの各菱形に記載された内容が各タイプのOSSライセンス条件を満たす十分条件ではありません[12]。分類に必要な必須条件のみで分類することにより、全体を分類可能にしています。

次のような判断手順で分類した4つのタイプです。

1 バイナリのソースコードの開示が必須ではなければ、BSDタイプのライセンスとします（2以降は、ソースコードの開示が必須のライセンスとなります）。
2 結合著作物全体のソースコードの開示が必須ならば、GPLタイプのライセンスとします（3以降は、OSS自身のソースコードのみ開示必須となります）。
3 結合著作物へのリバースエンジニアリング（RE）の許可が必須ならば、LGPLタイプのライセンスとします（4は、結合著作物へのソース開示もREの許可も必須ではありません）。
4 残りは、MPLタイプのライセンスとします。

各タイプについて、47ページで説明しますが、その前に結合著作物について次節で説明します。

[11]:「GPLタイプ」という表現に「GPLに似て非なるもの」という意味は込めていません。
[12]:各開発者が各自の著作権にもとづいて提示している条件全体を十分条件で分類することは不可能です。

結合著作物とは

GPLのソースコードの開示範囲を説明するために、筆者は、「結合著作物」という言葉を使用しています。著作権法に記載のある用語ではありませんが、ネット検索するとヒットするのが歌曲です。歌曲は、歌詞という著作物と曲という著作物の結合著作物というのです。歌曲を頒布することは、歌詞も曲も頒布することになります。歌曲は、歌詞や曲という原著作物の単なる複製物ともいえますが、二次的著作物ともいえます。どちらにしても、歌曲の頒布は、歌詞という著作物と曲という著作物を頒布していますから、それぞれの著作者、つまり、作詞家と作曲家の許諾が必要（図2-3）なのは理解できるでしょう。

◉図2-3　歌曲の頒布には作詞家と作曲家の許諾が必要

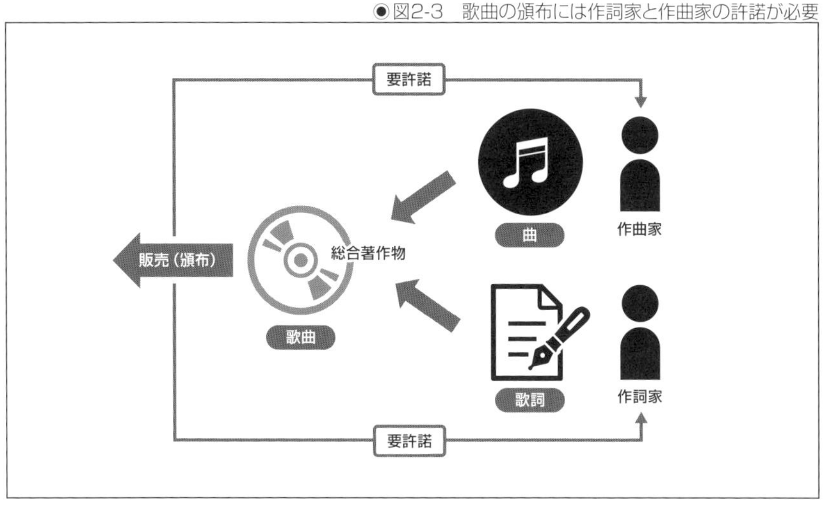

この歌曲が発売（頒布）された後、曲や歌詞を別々に扱う場合はどうなるのでしょうか。たとえば、曲のカラオケでの利用を許諾するとか、歌詞の歌曲集への収録を許諾するとかです。

歌曲を制作する際に、曲に合わせて歌詞を変更したり、歌詞に合わせて曲を変更したりすることは一般的にあります。そういう観点でみると、歌曲は二人の共同著作物[13]ともいえます。

[13]：「二人以上の者が共同して創作した著作物であつて、その各人の寄与を分離して個別的に利用することができないものをいう」（著作権法）

しかし、共同著作物として扱うと、相手の著作物を含まず別々に扱う場合でも、相手の許諾が必要になってしまいます。それでは不便でしょう。そのため、相手の許諾が不要である結合著作物という扱いがされているのでしょう（図2-4）。歌曲という結合著作物は、歌詞・曲の二次的著作物です。二次的著作物を形成したからといって、原著作物の著作権に何ら影響を与えないのが著作権です。

用語が妥当か否かは別として、結合著作物は分離可能著作物と表現してもよさそうなものです。もちろん、分離可能著作物とは筆者の造語です。

◉図2-4　結合著作物は利用に関しお互いに制限を受けない

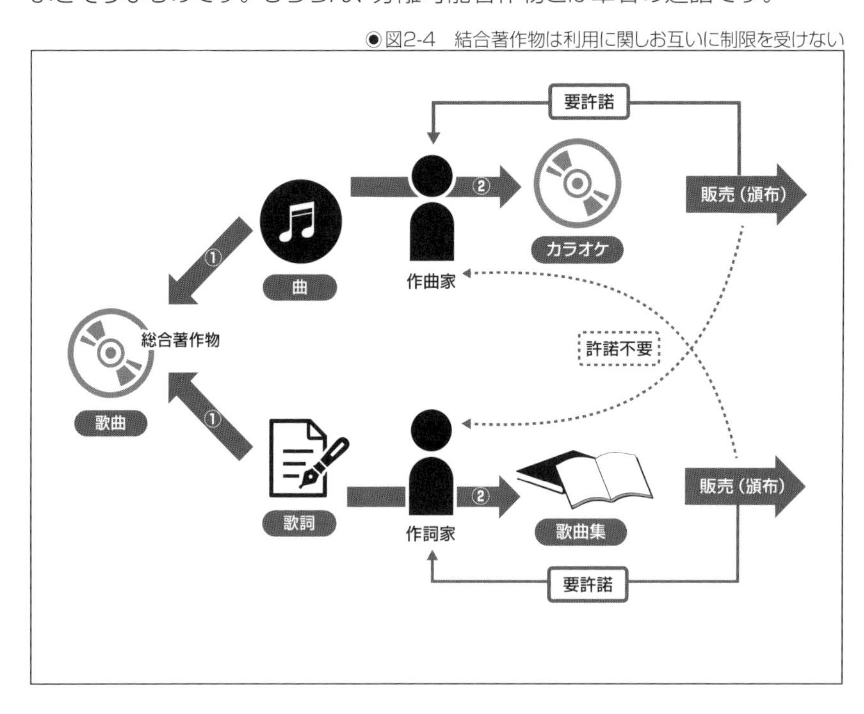

SECTION-11

OSSライセンスのタイプ

結合著作物の概念を使って4つに分類したOSSライセンスの4タイプ(43ページの図2-2参照)それぞれについて紹介します。

「BSDタイプ」のライセンス

「BSDタイプ」のライセンスは、OSS自身の「バイナリのソースコードの開示が必須ではない」(43ページの図2-2参照)ライセンスです。

一般には、「BSD likeライセンス」とも呼ばれます。BSDライセンス、Apacheライセンス、MITライセンスなどのライセンスがこれに当たります。4タイプの中で一番条件の緩いライセンスといえます。このタイプのライセンスのみが、改変の有無にかかわらずソースコードを開示せず、バイナリ形式のみでも頒布することが可能だからです。

このタイプのライセンスの再頒布の条件は、主に次の3点の受領者への提示です。

- 著作権表示
- ライセンス本文
- 免責条項(責任限定規定)

つまり、ライセンスごとに表現は違いますが、ソースコード形式でも、バイナリ形式でも再頒布する際、プログラムの受領者が、この3点を参照できることが条件となります。

BSDタイプのライセンスの中で、(他にもあるかもしれませんが有名どころでは)Apacheライセンスのみが固有名称であり、Apache Software Foundation(ASF)[14]のプロジェクトで共通化・一般化したライセンス条文です。2004年以降、現行のApache License 2.0[15]からは条文も用語定義から始まる長い条文になりました。ASFのプロジェクト以外でApache License 2.0を利用しているOSSにはOpenStackなどがあります。

[14]:ASF(https://www.apache.org/)
[15]:Apache License, Version 2.0(https://www.apache.org/licenses/LICENSE-2.0)

一方、「BSDライセンス」も「MITライセンス」も似たライセンス群の『総称』となります。「FreeBSD Copyright」や「PostgreSQL License」など、プロジェクトで固有名称が付けられる場合もありますが、ライセンスに名称がないOSSもあります。OSSごとに内容が微妙に異なる場合があります[16]。一般名称化したほかのタイプのライセンス文に比べ条文は短く、プログラムのソースコードの先頭部分に記載されることが多いタイプです。特に、命名されていないライセンスは名称だけを記載することができないので、全文をソースコード先頭に記載したりしています。

「修正」前と呼ばれる古いBSDライセンスには、次のような追加条件があります。GPLタイプのライセンスと両立しないため、この追加条件は削除される傾向にありますが、いくつかのOSSで残ったままです。

- 下記のような文言をヘルプなどに表示すること。下記はPHPの文言の例。
  - 「"This product includes PHP, freely available from <http://www.php.net/>".」
- 広告媒体で機能について述べるときも、同様の文言を掲載すること[17]。

このように、BSDタイプのライセンスは、一番条件が緩いにもかかわらず、多くのライセンスで一般化されていません。したがって、個々のOSSのライセンス条文を読まなければ、条件を見落としかねないことに注意が必要です。

[16]:OSIのサイトには、それらさまざまな既存のBSDライセンスやMITライセンスから作成したひな形のようなものが掲載されています。これはひな形化のために後に作成したものであって、このひな形からすべてのBSDライセンスやMITライセンスが作成されたわけではありません。「The MIT License日本語参考訳」(https://licenses.opensource.jp/MIT/MIT.html)、「2条項 BSD License日本語参考訳」(https://licenses.opensource.jp/BSD-2-Clause/BSD-2-Clause.html)。

[17]:「OpenSSLライセンス」(http://publib.boulder.ibm.com/tividd/td/TWS/SC32-1277-01/ja_JA/HTML/twsrn82mst52.htm)

「MPLタイプ」のライセンス

「MPLタイプ」のライセンスは、OSS自身の「バイナリのソースコードの開示が必須」ですが、「結合著作物への条件が除外されている」(43ページの図2-2参照)ライセンスです。

このタイプにはMozilla Public License(MPL)[18]とこれに似たEclipse Public License(EPL)[19]、Common Public License(CPL)[20]などのライセンスが当てはまります。

- MPLのOSS例：Firefox 、Thunderbird
- EPLのOSS例：Eclipse、OpenDaylight
- CPLのOSS例：SyncML Conformance Test Suite、初期のEclipse

バイナリ形式のみの頒布は不可で、ソースコードの開示が必要です。とはいえ、入手先の提示によるソース開示が基本です。その条件の対象は、OSS自身に閉じています。OSSを利用したプログラム、つまり結合著作物に対して条件は課せられていません。

MPLタイプのライセンスは、1998年、WebブラウザNavigatorを含むNetscape Communicatorのオープンソース化に始まり、比較的新しいものです。このときに、オープンソースソフトウェアという用語が生み出されました[21]。それまでは、同じプログラムは、「自由ソフトウェア(フリーソフトウェア)」とだけ呼ばれていました。当時、次章で述べるさまざまな誤解が蔓延していたため、「GPLは、(契約書としては)不十分な法的文書」と指摘する人まで現れ、混乱した状況でした。その指摘を真に受けてしまったのか、本タイプのライセンス条文には契約書のような準拠法や管轄裁判所が記載されています。そのため、GPLタイプのライセンスと両立しません。図2-5に示すように全体をGPLの条件で包含できないために両立しないのです。

[18]:「Mozilla Public License Version 2.0」(https://www.mozilla.org/en-US/MPL/2.0/)
[19]:「Eclipse Public License - v 1.0」(https://www.eclipse.org/legal/epl-v10.html)
[20]:「Common Public License - v 1.0」(https://www.eclipse.org/legal/cpl-v10.html)
[21]:「History of the OSI」(https://opensource.org/history)

◉図2-5　GPLの条件でMPLの条件を包含できない=両立しない

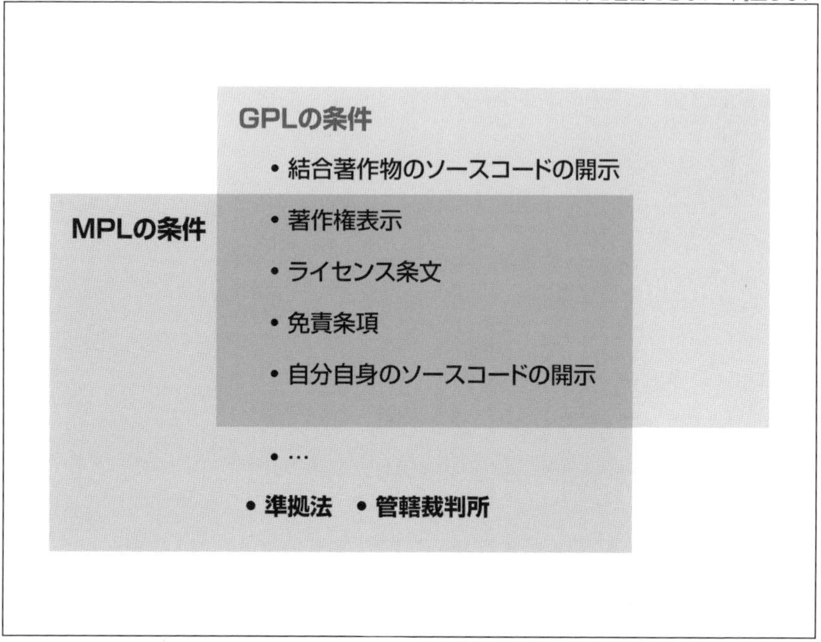

GPLの条件
- 結合著作物のソースコードの開示

MPLの条件
- 著作権表示
- ライセンス条文
- 免責条項
- 自分自身のソースコードの開示
- …
- 準拠法　• 管轄裁判所

この問題に対応するためMPL 1.xでは、両立できるようにGPL/LGPLも選択できるトリプル・ライセンスとしています。MPL 2.0からは、ライセンス条文中に、GPL/LGPLなどをサブライセンスとして明記する形式に変更されて、やはり、両立できるようになっています。つまり、MPLのOSSは、GPLのOSSと結合するときはGPLを選択でき、LGPLのOSSと結合するときはLGPLを選択できるようにして、それぞれのOSSのライセンス条件を共に成立できるようにしているのです。

「LGPLタイプ」のライセンス

「LGPLタイプ」のライセンスは、OSS自身の「バイナリのソースコードの開示が必須」ですが、「結合著作物へはリバースエンジニアリングの許可」(43ページの図2-2参照)に譲歩しているライセンスです。

LGPLタイプのライセンスとはGNU Lesser General Public License(LGPL)に代表されるライセンスです。

- OSSの例:GNU C Library(glibc)

LGPLは、GNUプロジェクト(以下、GNUと略す)の標準CライブラリであるglibcをGPLで提供したならば、利用者を獲得できないと考え、作られたライセンスです。当初、LGPLのLは「Library」でしたが、version 2.1で「Lesser」に変更されました。その理由は、「ライブラリは、GPLではなくLGPLにする」という誤解を与えてしまったからだそうです。GNUは、ライブラリでもGPLを推奨しており、コピーの再頒布の際には、GPLを選択することもできるデュアルライセンスです。劣等(Lesser)GPLとは、GPLから一歩譲歩してLGPLを選択している、というニュアンスを醸し出すための名称変更なのです[22]。

LGPLタイプのライセンスには、次のような条件があります。

- 条件1:ライブラリ自身のソース開示
- 条件2:APのソースまたはオブジェクトコードの提供
- 条件3:そのリバースエンジニアリングの許可

順に説明します。

◆条件1:ライブラリ自身のソース開示

ライブラリ自身は、バイナリ形式のみの頒布は不可で、ソースコードの開示(添付)が必要です。

[22]:「あなたの次回のライブラリには劣等GPLを使うべきでない理由」(https://www.gnu.org/licenses/why-not-lgpl.html)

●図2-6 LGPLの条件1-ライブラリ自身のソースコードの添付

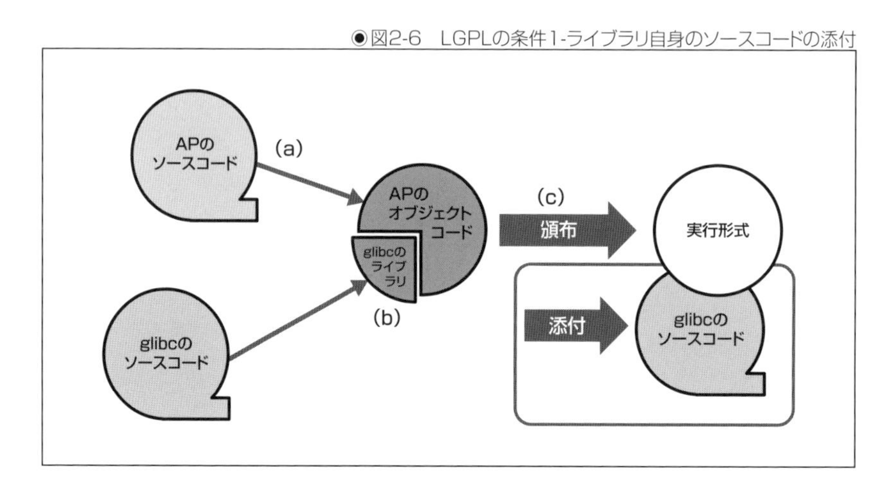

図2-6は、前章で解説したプログラミングの様子と同じ一般的な動作を示しています。

- (a)利用プログラム(AP)開発者がAPをコンパイルしてAPのオブジェクトコードを作成します。
- (b)OSとしてglibcをコンパイルしたglibcのライブラリ(libc.so.6)を用意しており、AP開発者は、glibcのオブジェクトをリンクし実行形式を作成します。
- (c)商用ソフトウェアは一般にこの実行形式であり、その店頭販売は、実行形式の頒布となります。それは、LGPLタイプのライセンスのOSSであるglibcも頒布されます。その許諾条件の1つがglibcソースコードの添付となります。

◆条件2:APのソースまたはオブジェクトコードの提供

結合著作物とみなされる利用プログラム(AP)は、ソースコードを開示しないならば、オブジェクトコードを提供し、改変したLGPLのOSSと再リンクして実行形式を作成可能とする必要があります(図2-7の太枠内)。

これは、APを提供する側で行っていたプログラミング、特に、ソースコードから実行形式を作成する行為をAP受領側でも可能にすることにほかなりません。ただし、APのソースコードの開示は必須ではなく、オブジェクトコードでも可能です。

プログラムの自由という観点では不便なので、劣等(lesser)なGPLと命名されているのです。何が劣等なのかというと、glibcのソースコードは改変可能でも、APはオブジェクトコードのみの提供であれば、ソースコードを読むことも、APの改変もできないからです。なお、APのオブジェクトコードの提供は、ライブラリを動的リンクしている場合、実行形式として、すでにAPのオブジェクトコードを提供済みで条件を満たしていることになります。

◉図2-7　LGPLの条件2-APのオブジェクトコードの提供

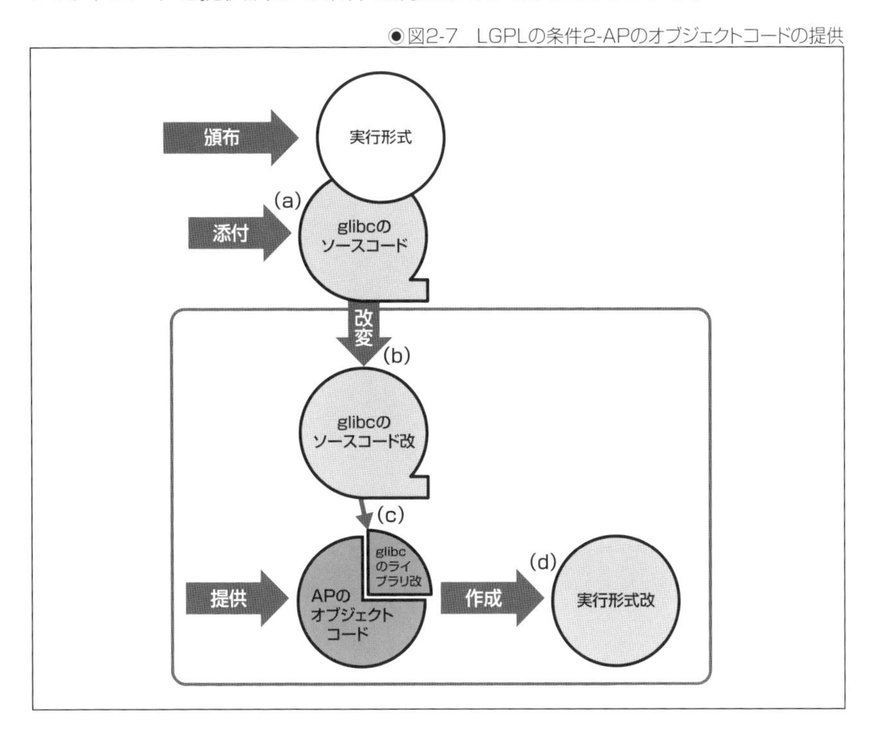

- (a)図2-6の(c)で利用プログラム(AP)の実行形式と共にglibcのソースコードが添付された頒布物を受領したところです。
- (b)受領者は、そのglibcのソースコードを改変し、glibcのソースコード改変版(以下、単に「改」とします)を作成します。
- (c)それをコンパイルし、glibcのライブラリ改を作成します。
- (d)それを頒布者から提供されたAPのオブジェクトコード(または、ソースコードなら、それをコンパイルして作成)をリンクして、実行形式改を作成します。

このように、改変された実行形式改を作成できるように、APのオブジェクトコードまたはソースコードを提供することが、LGPLタイプのOSSであるglibcの再頒布の条件の2つ目です。

◆条件3：そのリバースエンジニアリングの許可

図2-7のように実行形式改を作成する際のデバッグのためのリバースエンジニアリングを許可していること（禁止していないこと）が必要です。これは、一般の商用アプリケーションの商用ライセンス（プログラム使用許諾契約書）がリバースエンジニアリングを禁止していることが多いからです。リバースエンジニアリング自体は何ら違法行為ではないので、プログラム使用許諾契約書などで禁止していなければ、許可された状態です。

◉図2-8　LGPLの条件3（デバッグのためのリバースエンジニアリングの許可）

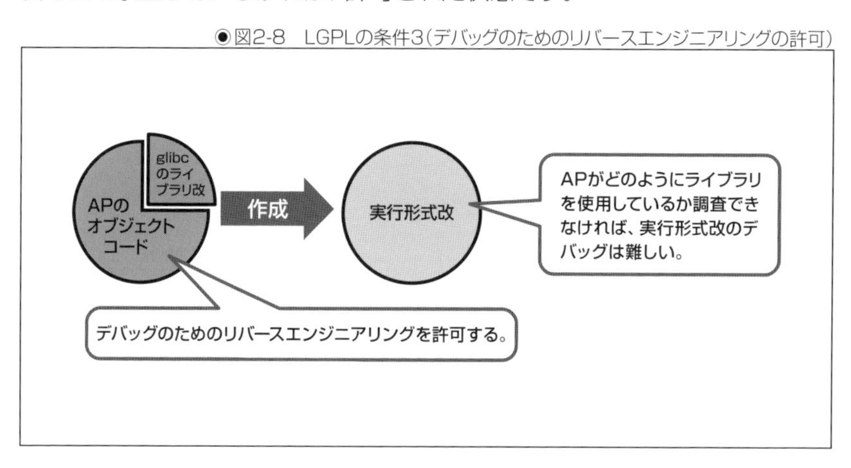

ここでいうデバッグとは、図2-7でglibcを改変したライブラリ改をリンクして作成した実行形式改が正しく動作するか確認し、必要に応じて改変の内容を修正することです。正しく動作することを確認するためには、利用プログラム（AP）がライブラリをどのように使用しているのか、つまり、どのようなライブラリの動作を期待して使用しているのかを調べて、改変されたライブラリでも期待された動作をすることを確認しなければなりません。

APのソースコードがあれば、そのプログラムを読み調べることはできます。ところが、提供されたのがAPのオブジェクトコードであれば、バイナリ形式の数字の羅列からなんとかソースコードのプログラムのイメージを解析することになります。この解析をリバースエンジニアリングと呼びます。

このリバースエンジニアリングを禁止されると解析できないことになり、作成した実行形式改のデバッグを禁止されたことに等しくなります。これは実質、glibcのバグ修正やセキュリティ修正さえできないことになるので、リバースエンジニアリングを許可していることが必要なのです。

なお、上記の改変の目的のためのリバースエンジニアリングを許可していることは必要ですが、ほかの目的、たとえば、競合他社が実施する機能分析のためのリバースエンジニアリングまで許可する条件はありません。条文を読めばわかることですが、「リバースエンジニアリングを許可すること」と話を聞いただけでわかったつもりになって「リバースエンジニアリングは一切、禁止してはならない」と誤解していることが少なくないので注意が必要です。

「GPLタイプ」のライセンス

「GPLタイプ」のライセンスは、OSS自身の「バイナリのソースコードの開示が必須」はもちろん「結合著作物全体のソースコードの開示が必須」(43ページの図2-2参照)のライセンスです。

GNU General Public License(GPL)に代表されるライセンスです。

- OSSの例：Linuxカーネル、GNUソフトウェアのGCC、gdbなど

改変の有無にかかわらずバイナリ形式のみの頒布は不可で、ソースコードの開示が必要です。それに加えて、結合著作物とみなされる利用プログラム(AP)もGPLの条件としてソースコードの開示が必須です。LGPLタイプのライセンスにあった利用プログラム(AP)のオブジェクトコードでの提供の選択肢はGPLタイプのライセンスにはありません。

その目的は、「LGPLタイプ」のライセンスにおける「デバッグのために、利用プログラム(AP)がライブラリをどのように使用しているのか、つまり、どのようなライブラリの動作を期待して使用しているのかを調べる」ためには、オブジェクトコードよりソースコードが格段に適しているからです。

つまり、GPL/LGPL共に同じ目的で条件付けされていますが、LGPLはGPLから譲歩した条件にするために、目的に絞った条件としているため、「受領者側での改変・デバック可能な自由が目的」という内容が見えていたわけです。

LGPLで譲歩する前のGPL本来の目的の達成に必要な3つの事項について補足説明します。

- 利用プログラムのソースコードの必要性
- ソース開示の対象範囲
- 利用プログラム(AP)全体の再頒布の条件がGPLの条件になる理由

◆利用プログラムのソースコードの必要性

これは、GPLの最初の作成者であるストールマン氏の『自由としてのフリー(2.0)』[23]の第1章に書かれたプリンタドライバのエピソード(図2-9)からも、プログラムの「改変」「改善」が目的であると推察できます。

- (a)事の発端は、遠隔にあるプリンタサーバに接続されたプリンタが紙詰まりを起こしたことです。当時のプリンタは利用者にプリンタの状況がわからず、印刷物を取りに行ってはじめて、何人も前の人の印刷で紙詰まりを起こして、自分の印刷は始まってもいないことを知りました。
- (b)そこで、プリンタを定期的にチェックし、紙詰まりをプリンタ利用者に報告させるコードを追加したプリンタ制御ソフトウェア改に差し替えました。

◉図2-9　自由としてのフリー(2.0)第1章のエピソードのイメージ

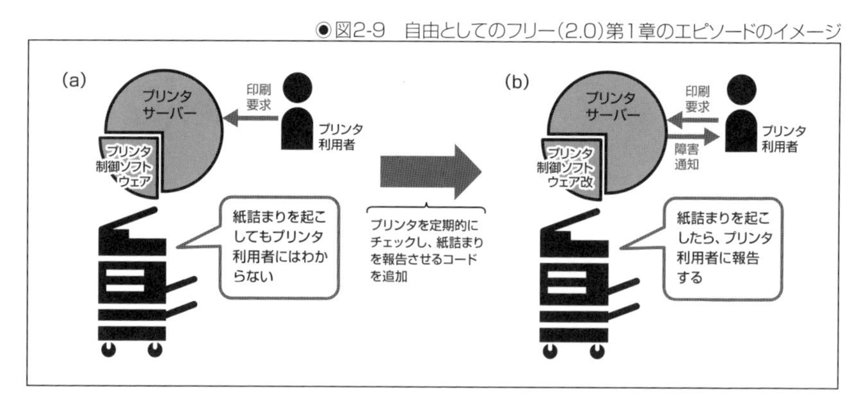

プリンタ制御ソフトウェアがGPLであった場合、それを使うプリンタスプーラ(プリンタサーバ)などのデーモン(常駐プログラム)が結合著作物とみなされる利用プログラム(AP)であり、GPLの条件としてソースコードの開示が必要となります。なぜなら、改造がプリンタ制御ソフトウェアに閉じたとしても、これを利用するプリンタスプーラが、どのように、このソフトウェアを利用しているかを分析できなければ、一般には、動作確認のテストもしようもないからです。

[23]「自由としてのフリー(2.0)リチャード・ストールマンと自由ソフトウェア革命」(https://e-yuuki.org/docs/free_as_in_freedom/index.html)

一部の特殊な人以外には、ソースコードがなければ分析は困難です。このような改造のテスト・デバッグ作業、たとえば次の(a)～(d)のような作業のために、一般的なソフトウェア開発者の感覚としては、改造プログラムを利用するプログラムのソースコードも必要なのです(図2-10)。

◉図2-10　ドライバ/ライブラリの利用プログラムのソースコードもデバッグに必要

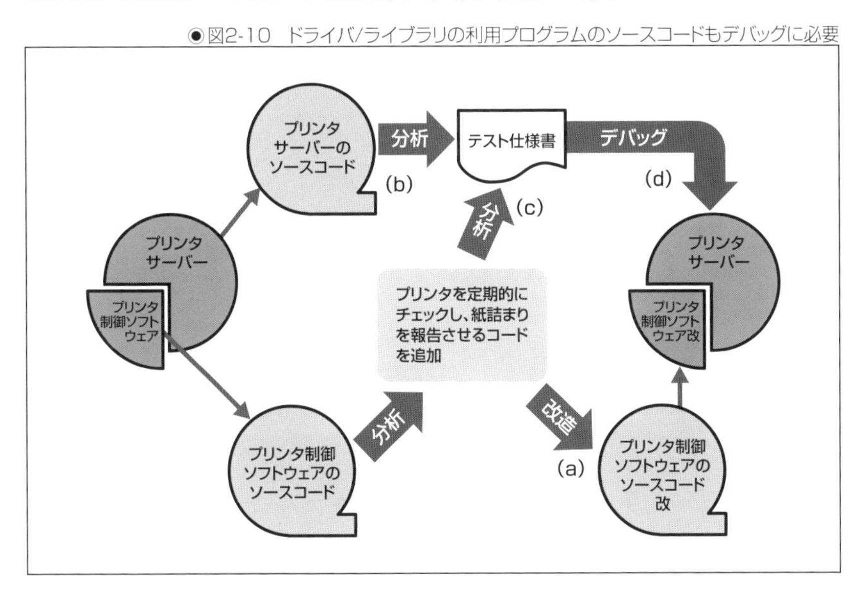

- (a)プリンタ制御ソフトウェアのソースコードを分析し、プリンタを定期的にチェックし、紙詰まりを報告させるコードを追加する改造を行い、プリンタ制御ソフトウェアのソースコード改を作成します。
- (b)プリンタサーバ(プリンタスプーラ)のソースコードを分析し、プリンタ制御ソフトウェアをどのように利用しているのか確認し、改造後も正しく動作することを確認するためのテスト仕様書を作成します。
- (c)プリンタ制御ソフトウェアの改造に追加になった機能の動作を確認するテスト仕様を追加します。
- (d)プリンタ制御ソフトウェア改を利用するプリンタサーバ(プリンタスプーラ)に対して、テスト仕様書どおりの動作を確認できるかデバッグを繰り返します。

◆ソース開示の対象範囲

利用プログラムのソースコードが必要な理由を考えれば、再頒布の際にGPLの条件の対象になる結合著作物は、改変のデバッグの対象となるプログラム単位と捉えるのが妥当でしょう。一般には、カーネルと他の各アプリケーションプログラム単位でデバッグは独立していますので、その場合、別々の結合著作物と考えるのが妥当です。

●図2-11　メモリ空間が結合著作物の切れ目の目安

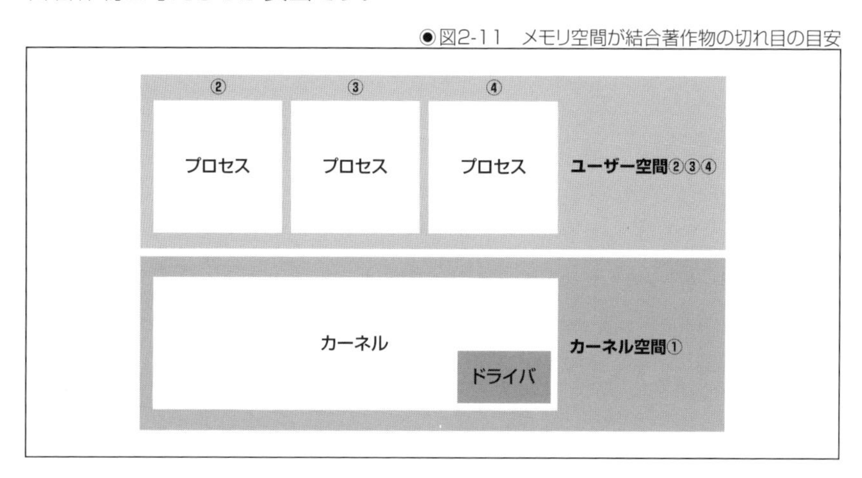

図2-11では、ユーザ空間のアプリケーション3つと、カーネル空間のカーネル+ドライバ1つの計4つのメモリ空間、つまり、4つの結合著作物があるイメージ図です。

各々の結合著作物の中で、GPLのOSSを含めば、その結合著作物の頒布条件がGPLの条件となります。同じハードウェア筐体内にあるとしても、ほかの結合著作物には影響しません。このことを、『フリーソフトウェアのリーダーは団結する』(Bruce Perens著、yomoyomo、八木都志郎訳)[24]の文書では、次のように述べています。

> けれども、GPL が法的に適用を求められるのは、GPLの下にあるコードと結合するプログラムだけであって、同じシステムの別のプログラムには適用されないし、プログラムが操作するデータファイルにも適用されない

ある組込みシステムの事例で見てみましょう。

---

[24]:https://www.yamdas.org/column/technique/standj.html

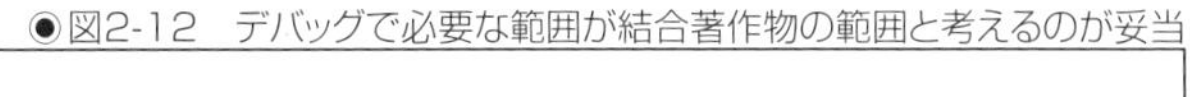
●図2-12　デバッグで必要な範囲が結合著作物の範囲と考えるのが妥当

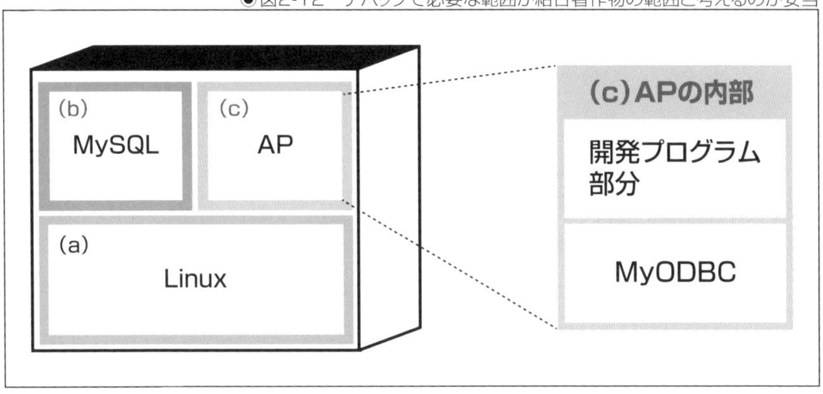

図2-12のシステムは、ハードウェア筐体内に3つのメモリ空間、3つの結合著作物(a)Linux、(b)MySQL、(c)利用プログラム(AP)があります。それぞれ内部にGPLの条件のソース開示対象は閉じます。どれかにGPLのOSSを含んだとしても、ほかの結合著作物に影響しません。しかし、結合著作物(c)APは、開発プログラム部分とMyODBC(現MySQL Connector、GPL)との結合著作物です。MyODBCの再頒布の条件として、結合著作物(c)APは、GPLの条件で再頒布する必要があります。これは、(a)LinuxのGPLとも、(b)のMySQLのGPLとも何の関係もありません。(c)APにGPLのMyODBCを含むから、(c)AP全体の再頒布の条件がGPLの条件になるのです。

上記の文書をフリーソフトウェアのリーダーたちが出した理由は、当時、「組込みシステムにLinuxを使うとシステム内のすべてのプログラムがGPLとなってソース公開しなければならない」と負の印象を与え、自社製品に誘導するキャンペーンを展開した企業があったからです。そのようなデマが組込み業界ではいまだに払拭されていないのは残念です。

なお、「メモリ空間さえ別なら、別結合著作物であり別ライセンスで構わない」と考えてはいけません。そのような定義はありません。

たとえば、図2-13のように、メモリ空間が分かれる(a)Linuxカーネルと(b)利用プログラム(AP)で、LinuxカーネルをAPから操作できる改造を施した場合を考えましょう。この場合、「GPLのカーネルのみソース開示し、APはソース開示しなくてもよい」と考えてはいけません。双方がなければデバッグはできないからです。密結合にした場合、LinuxカーネルとAPは一つの結合著作物と捉え、(a)(b)ともソース開示の対象と考えた方が妥当でしょう。

◉図2-13　メモリ空間が切れていても密結合なら結合著作物の例1

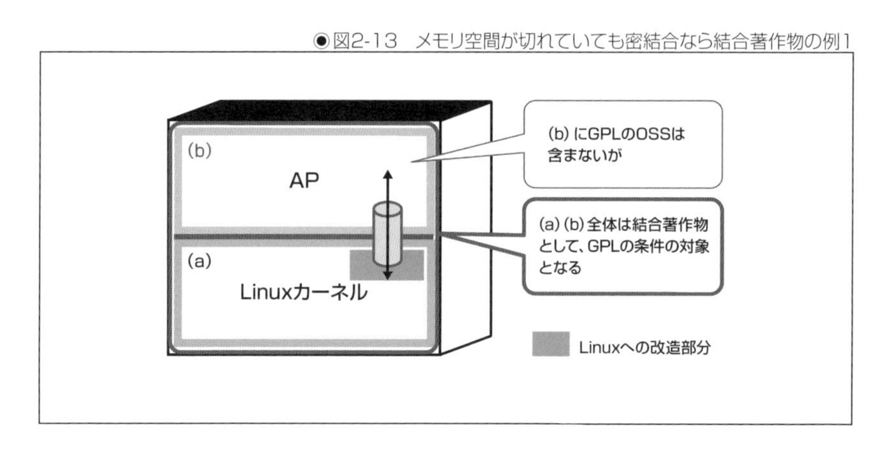

同様に、メモリ空間が切れていても密結合となる結合著作物の例をもう1つ挙げましょう。しばしばプログラム開発者が思いつく方法ですが、メモリ空間を無理矢理分ける手法です。

図2-12の(c)利用プログラム(AP)を、2つ以上のメモリ空間に無理矢理プロセスを分割した場合です(図2-14)。開発プログラムは、プロセス間通信する中継プログラム(a)(b)を介して、(d)MyODBCを利用します。

◉図2-14　メモリ空間が切れていても密結合なら結合著作物の例2

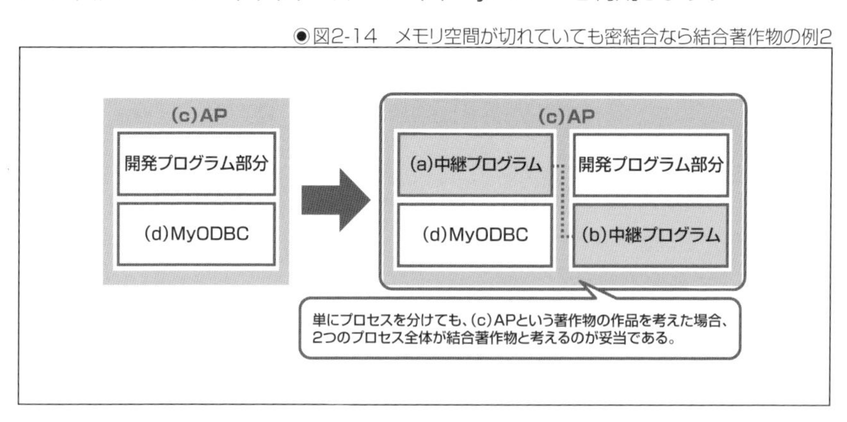

単にプロセスを分けても、2つのプロセスがなければデバッグできません。(c)APという著作物の作品を考えた場合、プロセスを分けようが1つの作品であることには変わりはありません。中継プログラム(a)のソースコードだけを見ても、(d)MyODBCを開発プログラムがどのように使っていたかなどはわからず、デバッグできません。そのため、2つのプロセス全体が結合著作物、つまりGPLのソース開示の条件の対象となると考えるのが妥当でしょう。

プログラムは、1つの作品(著作物)と見て、普通にデバッグする範囲が結合著作物の範囲になると捉えましょう。つまり、GPLプログラムを含む場合、その結合著作物全体がGPLの条件の対象となり、ソース開示が必要というのが筆者の理解です。もちろん、同じシステムの他の結合著作物は関係しません。その結合著作物にGPLプログラムを含むか否かで検討しましょう。

◆利用プログラム(AP)全体の再頒布の条件がGPLの条件になる理由

GPLでは、結合著作物全体にソース開示のGPLの条件を求めます。しかし、よく誤解されていることですが、結合した相手の著作物のライセンスがGPLに変更されるわけではありません。46ページの図2-4の歌曲の例で紹介したように、「二次的著作物を形成したからといって、原著作物の著作権に何ら影響を与えないのが著作権である」からです。二次的著作権者にライセンスを変更する権利はありません。図2-15のように、GPLの著作物(a)が結合著作物(b)に含まれるから、結合著作物の頒布(c)はGPLの複製(d)となるから、その複製の許諾条件を示しているに過ぎません。

●図2-15 GPLを含む結合著作物の頒布はGPLの著作物の頒布

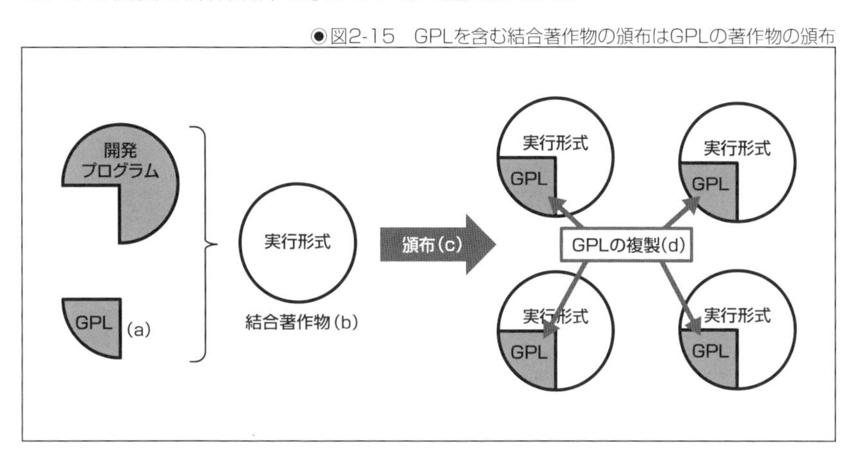

歌曲の曲と歌詞のように分離して、開発プログラムだけを頒布するならば、GPLの著作物を頒布しないので、ソース開示の条件を課せられる筋合い(根拠となるもの)はありません。

訴訟やその他のトラブル例

OSSの欠点として、OSS利用者の多くが著作権に慣れていないことを挙げました(34ページ)。ここでは、著作権に慣れていないためか訴訟やトラブルとなった事例を紹介します。

まず、米国で、あるOSSを対象に訴訟が多発しました。

- 2007年9月　デジタル家電メーカーMonsoon Multimedia社を提訴
- 2007年11月　無線機器メーカーHigh Gain Antennas, LLC、Xterasys Corp.の2社を提訴
- 2007年12月　無線ルーターで米東海岸キャリアVerizon Communications社を提訴
- 2008年7月　ネットワーク機器ベンダExtreme Networks, Inc.社を提訴

さらに、2009年12月、GPL違反で14社が同時に提訴されたため、大きな話題になりました[25]。対象製品は、ブルーレイプレイヤー、HDTV、ルーターなど消費者向け製品が多いのが特徴です。

- BestBuy's Blu-ray DiscPlayer
- Samsung's LCD HDTV's
- Westinghouse's LCD HDTV
- JVC's LCD HDTV and IP Network Camera
- Western Digital's WD TV HD Media Player
- Bosch's Security System DVR
- Phoebe Micro's wireless routers and IP Motion Wireless Camera
- Humax's HD HDTV DVR
- Comtrend's bonded modems
- Dobbs-Stanford's digital media player
- Versa Tech's weatherproof dual radio outdoor wireless access point
- ZyXEL's 4 Port Router
- Astak's security camera system with DVR andsecurity system DVR devices
- GCI's digital music controller

[25]:CNET Japan「SFLC、Best Buyなど14社をGPL侵害で提訴」(https://japan.cnet.com/article/20405353/)

14社以外にも、原告からソースコードの問合せを受けた企業は多数あり、中には漏れていたソースコードを慌てて公開した企業もあったと伝え聞いています。

訴状によると、提訴された14社は、原告からの「ソースコードは?」という問い合わせに対し、回答を拒否したか、無視した企業と書かれています。著作権に慣れていない企業は、著作権を軽視したのかもしれません。

また、無視したと見られた企業は、もしかしたらソースコードを提示しようにもできなかった企業かもしれません。多くの企業で開発費用の抑制のため、安易にアウトソーシングしている例を見かけることがありました。発注先で、無断でOSSを流用された上に、バイナリプログラムのみ納品されると、そのソースコードの開示は発注先に依頼するしかありません。しかも発注先でバイナリコードとソースコードの対応をきちんと構成管理していなければ、バイナリに対応したソースコードを開示することは困難です。

発注先が構成管理もできていないところであれば、開発コスト削減のためにアウトソーシングしても、代わりにOSSライセンス違反のリスクを増大させていることになるでしょう。

14社の提訴以前から、訴訟に至らなくとも、GPL違反などのOSSライセンス違反を指摘されるトラブルは発生しています。たとえば、日本では、次のような商品で発生しています。

- 2002年　スキャナソフト[26]、MP4プレイヤー
- 2004年　無線ルーター
- 2005年　県庁パスポート申請システム

前出の米国での訴訟の後は、ドイツでの訴訟が多かった時期がありました。その後、訴訟による開発プロジェクト/コミュニティへのダメージが指摘[27]され、GPL違反の訴訟はやや沈静化する傾向にあります。

しかし、だからといって、企業がOSSライセンス違反状態で商品出荷してよいわけではありません。告発・告訴されて著作権侵害の有罪となれば、日本では3億円以下の罰金刑の犯罪です。これは民事ではなく刑事罰の話です。その自覚を持って対応しましょう。

[26]:参考情報:宮田晃佳『実録:「GPL違反とその対応を振り返る」』(https://drive.google.com/file/d/13bzlfUn9spo1Ch8ob_TQ_q2TVmj-S_yQ/view)
[27]:次章「GPL Enforcementを命題とする誤解」(78ページ)を参照。

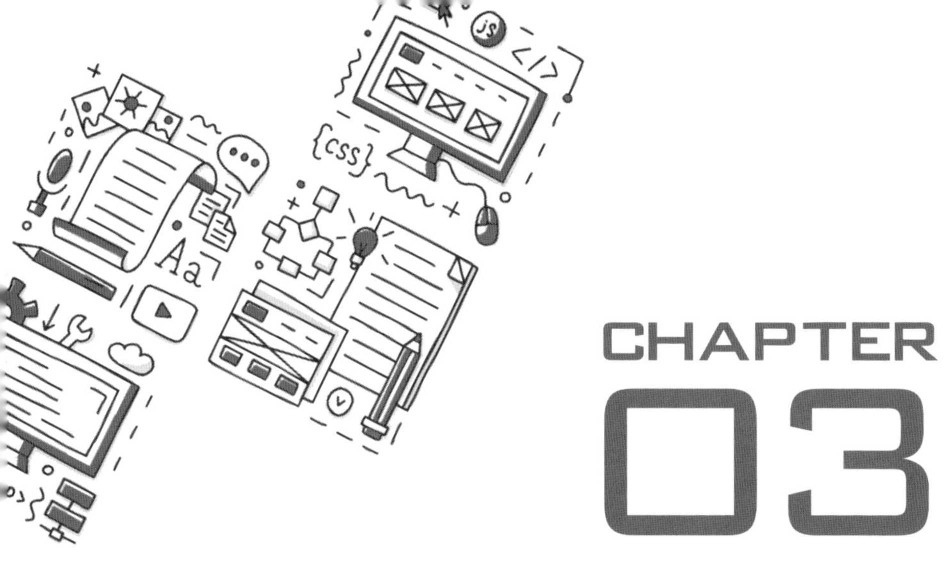

CHAPTER 03
OSSライセンスの都市伝説

本章の概要

1998年にオープンソースソフトウェアという言葉が生み出される前、フリーソフトウェア（現在は、自由ソフトウェア）と呼ばれていたころから、OSSは多くの誤解とともに語られてきました。インターネット上や雑誌などの記事で、その誤解がまことしやかに語られ定着してしまって、まるで都市伝説のようになってしまっています。

本章では、OSSを扱うに当たって、誤りを指摘しておいた方がよさそうな表現の都市伝説の一部を紹介します。

SECTION-13

ソフトウェアライセンスの一種という都市伝説

「OSSライセンスは、(自由な利用が保証された)ソフトウェアライセンスである」という都市伝説をよく耳にします。企業やコミュニティのOSSの推進者に多いようですが、誤解を招く不適切な説明の一つです。どのあたりが不適切か順に説明します。

ソフトウェアライセンスのイメージ

OSSライセンスが出てくる前のソフトウェアライセンスといえば、商用ソフトウェアのライセンスでした。たとえば、マイクロソフト社のEnd User License Agreement(EULA)などのライセンスをイメージする方が多いでしょう。この現実を考慮すると、先の説明は、「OSSライセンスは、EULAのようなソフトウェアライセンスの一種ですが、お金を要求されない自由な利用が保証されています」とイメージしているように思われます。

確かに言葉上は、OSSもソフトウェアですから、「ソフトウェアに関わるライセンス」という意味で「ソフトウェアライセンス」と呼んでもおかしくはないでしょう。しかし、「自動車ライセンス」といったとき、何を思い起こすでしょうか。

たとえば、講演会場で次のようなやり取りがあるかもしれません。

A「自動車のライセンスをお持ちの方、挙手を願います」

B「はい」(何人か挙手するでしょう)

A「すごいですね。どちらのクルマの販売ライセンスをお持ちですか?」

B「いやいや、販売ライセンスなど持っていません。普通、自動車のライセンスといえば、運転免許のことでしょう」

自動車に関わるライセンスという意味で「自動車ライセンス」といわれても、「何をするライセンス」なのか特定できません。「自動車を運転するライセンス(運転免許)」もあれば「自動車を販売するライセンス(ディーラーの免許、そういうものがあればの話ですが)」「自動車を製造するライセンス」もあるかもしれません。しかし、一番イメージされやすいのは運転免許でしょう。

では、ソフトウェアの場合、どうでしょうか。やはり、EULAのようなライセンスをソフトウェアライセンスと一番イメージされやすいのではないでしょうか。そのため、「OSSライセンスは、ソフトウェアライセンスの一種」という説明は不適切な表現と述べました。どう不適切なのか詳しく見てみましょう。

ソフトウェアライセンスとの違い

「OSSライセンスは、ソフトウェアライセンスの一種」という表現が不適切な理由を以下に説明します。

OSSライセンスと(EULAのような)ソフトウェアライセンスとでは、少なくとも筆者が挙げただけでも、表3-1のように、許諾する内容・形式・対象などが異なります。

●表3-1　ソフトウェアライセンスとOSSライセンスの主な違い

内容	ソフトウェアライセンス	OSSライセンス
主な許諾内容が違う	使用の許諾	(著作権法上の)利用の許諾
主な許諾形式が違う	契約(双方の合意)	ライセンス(一方的な許諾)
主な許諾対象が違う	プログラム製品(PP)	(プログラムの)著作物

このような違いの認識は、もしかしたら、ハードウェア技術者には難しいかもしれません。どちらも物の所有権の移転の話ではないからです。そのため、ハードウェア関係者は、「ソフトウェアを扱う企業・技術者は当然これらの違いを理解しているでしょう」と思いがちですが、そうでもないのが現実です。多くのソフトウェア関係者が、広く世間で言われている都市伝説のままに「OSSライセンスは、ソフトウェアライセンスの一種」と誤解しているからです。つまり、表3-1のような違いを意識していないため、OSSを著作物として適切に扱うことができていないのです。

表3-1の3つの違いについて、もう少し説明します。

◆主な許諾内容が違う

日本国著作権法では「使用」と「利用」が次のように使い分けられています[1]。

- 「利用」とは、複製や公衆送信等著作権等の支分権に基づく行為を指す。
- 「使用」とは、著作物を見る,聞く等のような単なる著作物等の享受を指す。

そのため、「著作物を著作権者に無断で『利用』すると著作権侵害になりますが、無断で『使用』しても著作権侵害にはなりません」という言い回しができます。「勝手に『使用』できても、勝手に『利用』はできない」のです。

ソフトウェアライセンスは、一般に、クリックオンなどで使用の許諾を求めます(図3-1)。クリックオンとは、購入したプログラムをインストールする際や、最初に実行する際に、ポップアップダイアログが出て、プログラム使用許諾契約書の内容に合意(Agreement)を求める行為のことです。クリックラップとも呼ばれます。古くは、プログラム商品の箱をラップで包み、ラップを破ったらプログラム使用許諾契約書の内容に合意したものとみなす、というシュリンクラップ方式が一般的でした。

◉図3-1　ソフトウェアライセンスは使用の許諾

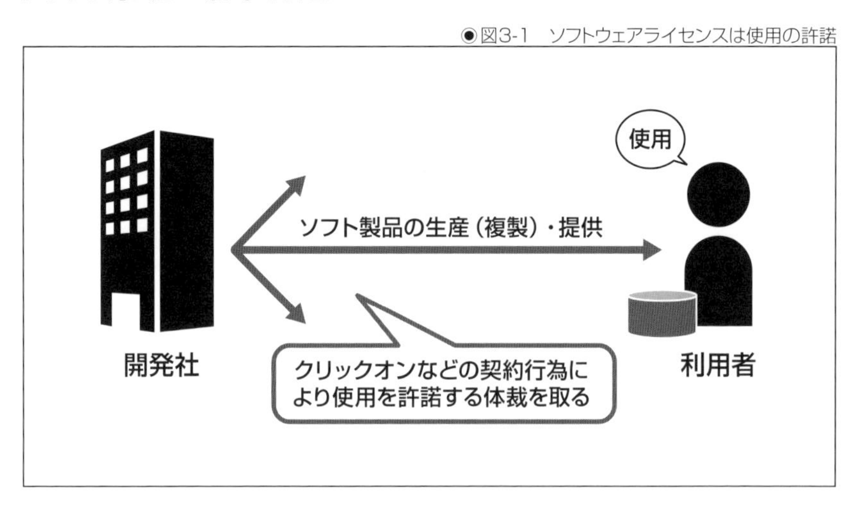

一方、ほとんどのOSSライセンスは、著作権に基づいています。著作者に無断で、著作権法上の利用(複製や改変、頒布などの支分権の行使)をすると著作権侵害となります。その利用の行為を著作権表示やソース開示などいくつかの条件付きで許諾するのがOSSライセンスです(図3-2)。

[1]:「平成10年2月 文化庁 著作権審議会マルチメディア小委員会　ワーキング·グループ中間まとめ」での定義 (http://www.cric.or.jp/db/report/h10_2/h10_2_main.html)

著作権に使用権という権利は存在しませんので、クリックオンのような契約行為がなければ、使用に許諾は必要ありません。そのため、OSSは使用が自由といわれています。OSSライセンスに使用が自由と書いてあるから自由なわけではありません。自由であることを改めて書かれているにすぎません。なお、OSSを使用したことがない方なのか、「OSSにもクリックオンがあり、そこで『使用が自由』と契約するから自由である」と勘違いしてOSSライセンスを解説している方もいたので注意が必要です。

●図3-2　OSSライセンスは利用の許諾

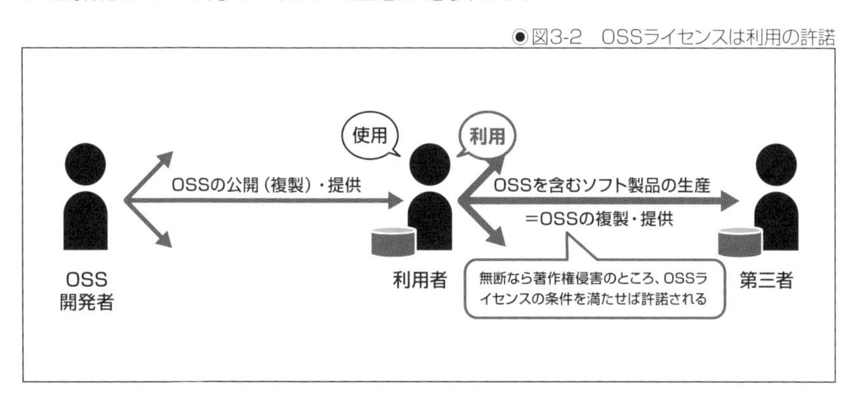

◆主な許諾形式が違う

商用ソフトウェアなどに使われるソフトウェアライセンスは、双方の合意（agreement）としての契約です（図3-3）。たとえば、EULAは、「End User License Agreement」の略です。これは、契約である必要があります。なぜなら、前述したように、著作権に使用権という権利は存在しないので、使用を許諾する権利自体が存在しないからです。そのため、後付け的に、クリックオン（昔はシュリンクラップ）で契約の体裁を取って「使用権」というものを改めて定義し、その内容について合意する形を取っているのです。

古いプログラム使用許諾書を見ると、文末に「これに違反すると著作権法違反になります」と記載していたものがありました。当初、著作権に使用権があると勘違いしていたのではないでしょうか。そのため、同じ形態でビジネスするために、契約行為を思い付き、プログラム使用許諾契約書になったのではないでしょうか。

なお、「許諾」という言い方自体おかしいためか、「ソフトウェアのご使用について」というタイトルの文書になっている製品もあります。

◉図3-3　ソフトウェアライセンスは契約

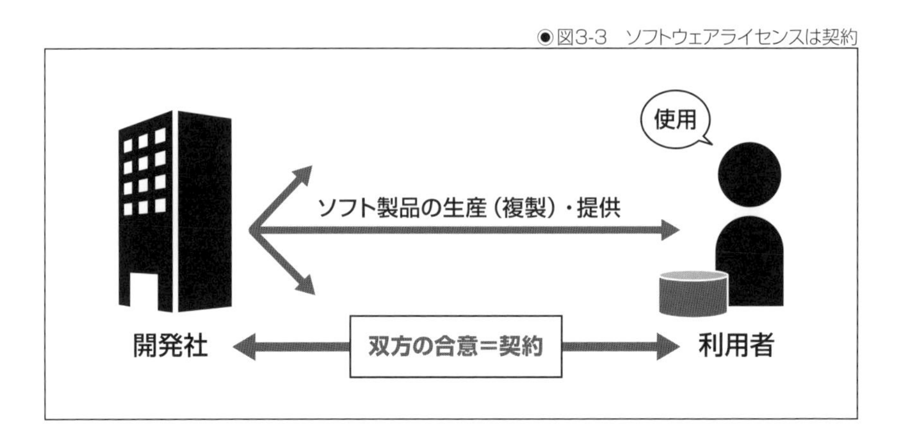

GPLなど、ほとんどのOSSライセンスは、一方的な許諾という本来の意味（38ページ参照）での「ライセンス」（図3-4）です。その許諾の際、著作者は自身の著作権の行使、つまり利用を許諾するための条件をOSSライセンスで提示しているのです。OSSを含む製品を生産すると、OSSを複製することになりますので、OSSを著作権法における利用することになります。OSSライセンスの条件を満たしていなければ、著作権侵害となります。逆に、利用しなければOSSライセンスの条件も満たす必要はありません。OSSライセンスを気にせず使用できます。

◉図3-4　OSSライセンスは本来の意味でのライセンス

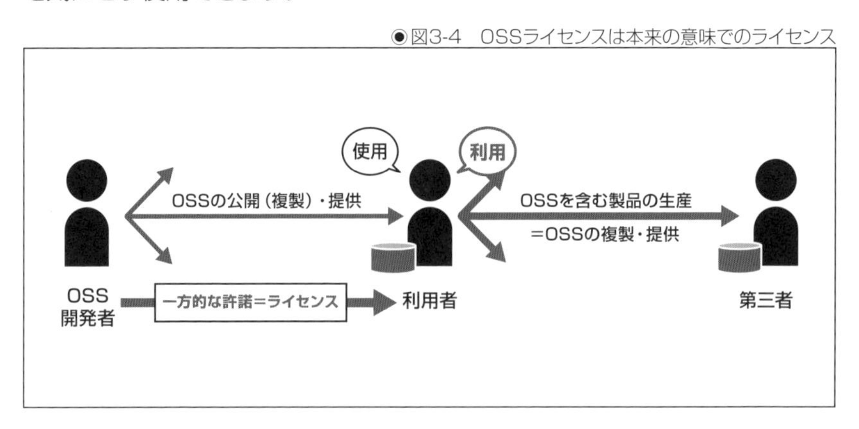

◆主な許諾対象が違う

ソフトウェアライセンスは、ソフトウェア（SW）製品を使用（実行）する際の全体としての許諾になります（図3-5）。そのため、特許権などについて書かれていることもあります。

OSSライセンスを同じ対象範囲で見てしまう方が多いようですが、それもOSSライセンスが正しく理解されない原因の1つです。たとえば、中に含まれるOSSのライセンス条件を満たすことが可能ならば、商用のソフトウェアライセンスを被せることも可能です。許諾対象のレベルが違うからです。

●図3-5 ソフトウェア製品全体としてライセンス

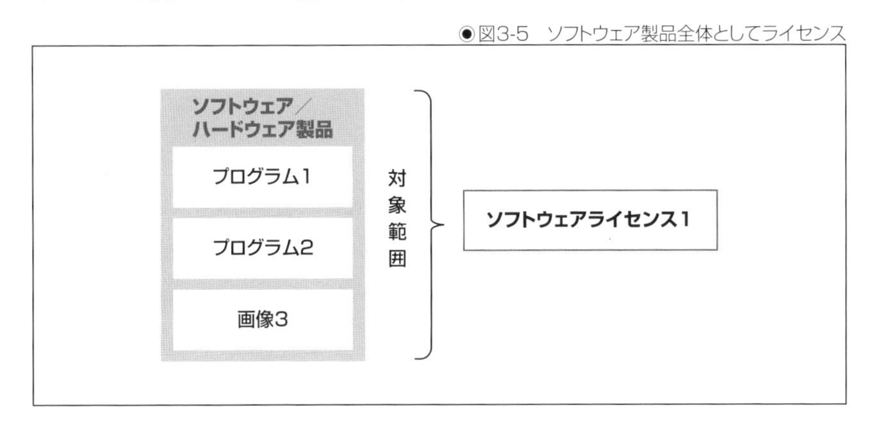

著作権に基づいているOSSライセンスにおいて、許諾対象は個々のプログラムの著作物です（図3-6）。OSSの著作者が著作権の行使を許諾できるのは、自身の著作物だけだからです。

ソフトウェア/ハードウェア製品は一般にプログラム、画像など複数の著作物からなりますが、その場合それぞれの著作者の許諾が必要です。つまり、各ライセンス条件を満たす必要があります。製品の中の個々の著作物を確認しなければならないところは面倒です。しかし、他人の著作権を行使させてもらうのですから、パッケージ単位に十把一絡げにライセンスを管理したり、個々の著作者のライセンスを無視するような対応をしてはいけません。

●図3-6 製品に含まれる個々の著作物ごとのライセンス

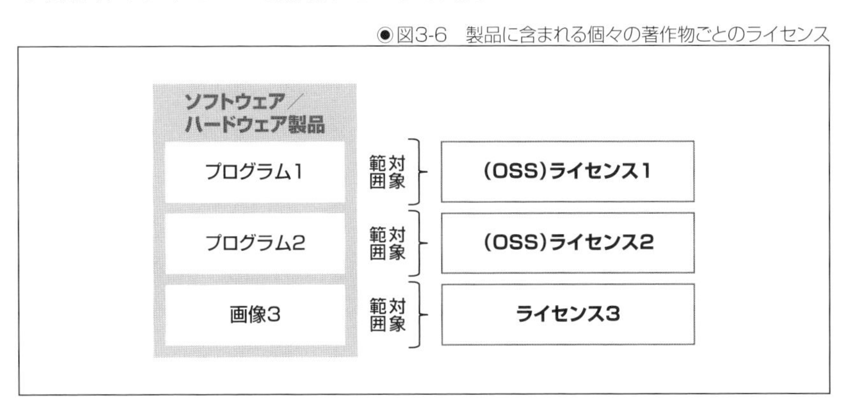

GPLが契約という都市伝説

日本の経済産業省の外郭団体のレポートのほか、欧州委員会のレポートなどを含め世界中で、「GPLは契約」と扱う解説ばかりでした。2003年、日本での最初のレポートでは、「Q1:GPLとは何ですか?　A1:オープンソースの対象となるソフトウエアを使う際に,ユーザーが守るべき条件を定めた契約の一種類です」との記載が「初心者向けGPLガイドライン」にあります。翌2004年のレポートでも、「日本において『ライセンス』といえば、ライセンス契約のことであり、『契約ではなくライセンスである』というのは意味が通らない」という記載まであります。日本に限らず世界中の法務関係者が、このような誤解を招く表現を使用する理由については、78ページで詳しく解説します。しかし、「契約」とは「守らなければならないもの」というニュアンスでしか使っていない方は、上記のような記述を見ても疑問に思わず、そのまま受け入れてしまうので、誤解が拡散されているようです。

契約とは

契約とは、字のごとく、約束を契るわけですから、お互いに何をどうするかについて決めて合意した約束ごとです。「ライセンス」(許諾)の内容について二者が合意すれば、「ライセンス契約」が成立するのです。「ライセンス」自身は契約ではありません。また、「OSSライセンスはあらかじめ決められた約束事だから、保険の約款のような契約である」という方がいます。しかし、約束事が書かれた約款自身が契約でしょうか。その内容について双方が合意すれば契約が成立しますが、合意なしに契約が存在するわけではありません。

ライセンスとライセンス契約の違いをこんな例で理解してもらえるでしょうか。たとえば、上記の主張は「日本において『小売り』といえば、売買契約のことであり、『契約ではなく小売りである』というのは意味が通らない」という話に似ています。そういう方は「日本において1000万円で小売りされているあんパンを万引きした者は、万引きした時点で売買契約が成立し、1000万円支払う義務がある」と主張するのでしょうか。ご存じのとおり、民事裁判になっても、損害額が算定されて、損害額の支払い命令が出るくらいで、表示価格の支払い命令が出るケースはまず見かけません。

著作権と所有権の類似性

あんパンのような有体物に対する所有権とプログラムのような無体物に対する著作権とでは扱いが大きく異なることが多いです。しかし、34ページでも触れたように、さらに大きな視点で見ると、「ものへの支配権」という意味では同様の権利としてまとめることができます（図3-7）。そう見ると、万引つまり窃盗は他人の所有権の侵害であり、GPL違反は他人の著作権の侵害です。

●図3-7　所有権も著作権も「ものへの支配権」の1つ

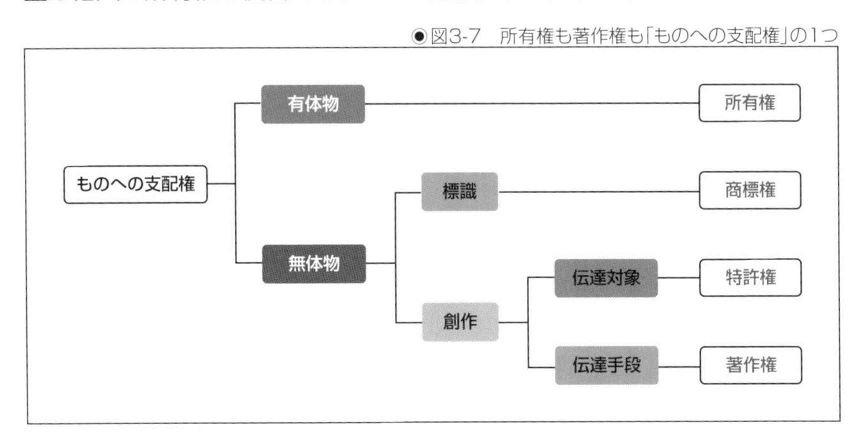

窃盗罪より重い刑事罰

所有権の侵害である窃盗は、刑法第235条により10年以下の懲役または50万円以下の罰金に処せられます。一方、著作権侵害であるOSSライセンス違反は、著作権法119条により10年以下の懲役もしくは1000万円以下の罰金に処し、またはこれを併科されます。また、法人の業務で作成したプログラムは、自動的に法人が著作者である法人著作物になります。その法人著作物が違反した場合は、著作権法124条により3億円以下の罰金刑となります。しかも、法人と従業員と共に罰せられる両罰規定です。

他人の権利の侵害は、まず刑罰が処せられる犯罪であることを自覚すべきでしょう。契約違反は民事でしかありませんが、著作権侵害は民事の前に刑事です。ただし、主な著作権侵害は親告罪なので、被害者が告訴しなければ検察が起訴（公訴の提起）することができないため、侵害の実態が見えにくい傾向にあります。

OSSを上手に利用しようと思う者は、OSSライセンスを正しく理解し、契約違反で提訴されるか否かを議論する前に、犯罪にならないように議論すべきでしょう。端的な窃盗罪に例えると、1000万円のあんパンを万引きしてしまった場合の代金1000万円を支払う義務がある売買契約が成立しているか否かを議論する前に、窃盗罪となる万引きをしないように議論すべきでしょう。同様に、GPL違反してしまった場合、ソースコードの開示義務のライセンス契約が成立しているか否かを議論する前に、著作権侵害となるGPL違反を犯さないようにすることを議論すべきでしょう。著作権侵害は、窃盗罪より重い刑事罰が科せられるのですから、なおさらでしょう。

所有権侵害と著作権侵害を比較してみましょう(表3-2)。それぞれ、他人の権利を侵害する行為の例は、無断での権利行使となる所有権の「商品の持ち出し」、著作権の「GPLの著作物の頒布(複製)」です。その行使が許される条件の選択肢の1つ目は、所有権の場合「現金を支払って、商品を持ち出すこと」、著作権の場合「ソースコードを添付して、GPLの著作物を頒布(複製)すること」です。権利行使が許される条件の選択肢の2つ目は、所有権の場合「ツケやカードで支払いを約束して、商品を持ち出すこと」、著作権の場合「ソースコードを提供する旨の申し出を添付して、GPLの著作物を頒布(複製)すること」です。

◉表 3-2　他人の権利を無断で行使すると、権利侵害の犯罪

他人の権利	所有権	著作権
他人の権利の行使	商品の持ち出し	GPLの著作物の頒布(複製)
行使が許される条件1	現金支払い	ソースコードの添付
行使が許される条件2	約束(ツケ、カード払い)	ソースコードを提供する旨の申し出を添付
条件を満たさずに行使すると	窃盗(万引き)	著作権侵害(GPL違反)

この道理を理解しないで、GPLを契約と捉え、「債権者からソース開示を要求されたら、債務として、粛々と契約を履行しソースコードを公開すればよい」と誤解して出荷すると、すでに著作権侵害を犯してしまうことになります。

GPLを契約と捉え著作権侵害を犯している例

ある携帯電話メーカーのサポートサイトでのやり取りを見ますと、概略ですが次のような受け答えがなされています。携帯電話を購入したユーザーがサポートサイトに問い合わせた内容です。

ユーザーは携帯電話を購入すると、バイナリ形式でGPLのLinuxを入手していることになります。そのソースコードが入手できないという問い合わせです。

（ユーザー）
すでにバイナリが頒布されているのに、ソースコードが公開されていないという状況はどのような理由によるものでしょうか？　バイナリが頒布され、バイナリ入手者がソースコードを入手しようとしたとき、現在ではソースコードが入手できません。このような状況は、GPLv2に照らし合わせて問題はないのでしょうか？　問題ない場合は、どの条項をもとにしているのかお教え願います。
（メーカー）
社内対応を急いでおり順次公開させていただきますので、今しばらくお待ちいただきますようお願い致します。なお、具体的なリリース日に関しては、次週後半よりアナウンスさせていただきます。ご不便をお掛けいたしますが、よろしくお願いいたします。

問い合わせに回答しているメーカー側は、一見、丁寧な受け答えをしているように見えますが、「すでに、著作権侵害を犯している」という自覚がないようにも受け取れます。もしかしたら、「契約は義務だから要求されたら、粛々と義務を果たすべくソース開示すればよい」と考えているのかもしれません。そうだとすると、答えている論理はまるで「見つかったら金を払えばよい」という万引き常習犯の言いぐさと変わらないのではないでしょうか。

このように、GPLを契約と誤解していると、丁寧な回答のつもりが、さらに不興を買うリスクがあります。

「仕事なら、GPLを契約と考えなければならない」という方がいます。「契約」を「守らなければならないもの」という意味だけでとらえているのでしょうか。この例のように「仕事だからといって、GPLを契約と考えると、著作権侵害の犯罪を招くリスクがあります。「GPLは契約である」と解説している方を見かけると、聴衆や読者を犯罪に誘導しているかもしれないという自覚がないように思えて、苦々しく感じます。

SECTION-15

「GPLは契約ではないと一切述べていない」という事実誤認

2009年に初版が発行された独立行政法人情報処理推進機構(以下、IPA)のレポート「GPLv3逐条解説」[2]に、次の記述があります。

> (a)GPLについて、GPLの生みの親であるFSFの顧問弁護士Moglen教授が、"Enforcing the GPL"の中で「GPLは契約ではなくライセンスである」と述べている。
> (省略)
> しかしながら、(a)は、FSFないしMoglen教授の見解を誤解したものである。
> (a)のMoglen教授が「GPLは契約ではなくライセンスである」と述べたという点であるが、これは"Enforcing the GPL"中の"Licenses are not contracts"(ライセンスは契約ではない)という文章を指していると思われる。しかし、この"Licenses"はGPLのことではなく、商用ライセンスを含む「ライセンス一般」を意味していることが文脈上明らかである。
> (省略)
> 要するに、Moglen教授がこの部分で述べているのは、「ライセンス条件の範囲内でプログラムを使用することは、ライセンス契約に合意しなくても可能である」ということであって、「ライセンスと契約は法的に異なるものである」とか、「GPLは契約ではなくライセンスである」といったことは一切述べていない。

ここで述べられている論理は、「来場者の皆さんに受付にて記念品をお渡しします」といわれて受付にもらいに行くと、「あなたに記念品を渡すとは一切述べていない」といわれることと同じでしょう。「あなた」が集合「来場者」の要素であるのと同じように、GPLは集合「ライセンス」の要素です。このような集合の関係を無視した記述は真っ当な論理といえるでしょうか。このような論理を鵜呑みにしてはいけません。

[2]:https://www.ipa.go.jp/files/000028320.pdf

日本の前記レポートが発行される3年前の2006年に、米国のHeather Meeker弁護士がGPLを契約法に基づかせることを提案しています。それに対して、GPLの作成者リチャード・M・ストールマン氏は、2つの正当な理由があるとして反論しています[3]。概略は次の通りです。

- 著作権法は、国家間で、契約法や他のありうる選択より、非常に均質である。(著者注:ベルヌ条約)
- 契約法を使わないもう1つの理由は、コピーを提供する前に、契約への正式な同意を得ることを、あらゆる頒布者に要求するから。彼のサインをもらうことなく誰かにCDを渡すことは、禁じられている。うんざりする!

「(GPLに)契約法を使わないもう1つの理由」(There's another reason not to use contract law)と述べているのですから、「GPLは契約ではないと一切述べていない」と述べた日本のレポートは明らかに間違った記述です。

このように、GPLの作成者自身がGPLを契約と思っていません。それを「日本において『ライセンス』といえば、ライセンス契約のことである」と弁護士がいっているからといって、GPLを契約と扱っては妥当な扱いができるはずがありません[4]。

[3]:「Don't Let "Intellectual Property" Twist Your Ethos」(http://www.gnu.org/philosophy/no-ip-ethos.html)
[4]:これは、「裁判において、GPLは決して契約として扱われない」と言っているのではありません。「裁判になるような犯罪を行う前に、GPLをどう扱うか考えた場合、契約として扱うべきではない」と言っているのです。

SECTION-16

GPL Enforcementを命題とする誤解

世界中の弁護士が、GPL作成者の意図に反して「GPLは契約である」という解釈を述べています。それを鵜呑みにしてしまった人達が前述したように、「義務を粛々と履行すればよい」と考え、「ソース開示を製品出荷後に、求められれば実施する」と解釈していたりします。まるで、著作権侵害状態に誘導されているかのような事態を招いています。なぜ、このような事態を招いたのでしょうか。

弁護士が「GPLは契約である」という理由

その理由は、もちろん、弁護士がOSS利用者に著作権侵害を犯させようとしているのではありません。GPL Enforcementという命題、つまり、「GPLの違反者に対して訴訟を提起した場合、裁判所が『GPLの方法により、ソースコードを公開せよ』と命じることができるか」という命題への見解のようです。

10数年以上も前に、世界中でこの議論があったらしく、「契約と解されて、命じることができる」という見解の述べているもののようです。当時、筆者を含め著作権に基づくライセンスと解していた者は、ナンセンスな議論と見ていましたので、世界中の弁護士が、こんな命題にこだわっているとは想像もできませんでした。たとえば当時、「ドイツの判決でGPLの有効性が証明された」というニュースが流れたりしましたが、何を喜んでいるのか理解できませんでした。「GPLが有効でなければ、誰も著作者の著作権を行使して、GPLのOSSを再頒布することはできない」ということを考えれば、有効で当たり前だからです。ドイツで著作権が有効なのは当たり前で、GPLが有効か否かの議論はナンセンスと思うわけです。最近も、そんな話を聞き、いまだにそんな命題にこだわっていたとは信じられない気持ちでした。

GPL Enforcementの命題の出どころ

GPL Enforcementの命題がどこから出てきたのか疑問でしたが、2016年、Linuxの世界的なイベントLinuxConのメーリングリスト（以下、ML）での議論[5]を見て、その理由がわかりました。こういう経緯でした。

1 「Linuxに対して業界の大手企業と中小企業の双方が意図的にGPLを侵害し、準拠を拒否し、正面切って『われわれがGPLに従わないといけないと思っているのか？　オーケー、では訴えてみたらいい。そうでなければ従うものか』と開発者はいわれてきた」ようです。

2 「われわれには2つの選択肢がある。GPLを捨て去るか、裁判所命令を勝ち取って強制するかのいずれかだ」と考える人達がいたようです。たとえば、SFC（Software Freedom Conservancy）です。

3 SFCは、BusyBoxのメンテナーからの委託を受けて訴訟を起こし（62ページ参照）、勝訴に近い次のような和解を得ました。

- 出荷した製品のバイナリに対応したソースコードをWebに公開。
- ユーザーに対してライセンスを告知。
- 各社が、和解金を支払う（金額不明）。
- OSSのライセンス・コンプライアンスに関する責任者（OSCO：Open Source Compliance Officer）を社内に設置。

「出荷した製品のバイナリに対応したソースコードをWebに公開」させたことにより、GPL Enforcementを証明したという流れのようです。しかし、2009年12月に提訴された14社のうちの1社Westinghouse社の欠席裁判での判決では、販売停止命令と9万ドルの損害賠償金と約4万7千ドルの訴訟費用の支払い命令が出ただけで、ソースコードの公開は命じられていません。このことは、GPL違反が、契約違反ではなく、著作権法違反であることの1つの証左になると思いますが、そう考えるGPLに関わる弁護士は少なかったようです。

[5]：Bradley M. Kuhn「[Ksummit-discuss] [CORE TOPIC] GPL defense issues」（https://lists.linuxfoundation.org/pipermail/ksummit-discuss/2016-August/003571.html）

GPL Enforcement証明の弊害

このようなGPL Enforcementを命題とし証明しようとするSFCの活動は、BusyBoxにとどまらず、Linuxカーネルコミュニティにも及びました。2016年 のLinuxConのMLで、SFCが、GPL EnforcementをLinuxConのテーマの一つに挙げるよう提案したのです。これに対するLinuxカーネルの原著作者リーナス・トーバルズ氏の反発は激しいものでした。次のようなことを述べたのです。

- SFCが、BusyBoxに関する訴訟で勝利した。
- それはSFCの輝かしい瞬間かもしれないが、BusyBoxのための輝かしい瞬間ではなかった（筆者注：度重なる提訴によりユーザが離れていったほか、メンテナー自身がプロジェクトを離れ、BSDライセンスのToyBoxプロジェクトを始めました）。
- 「どうか、やめてくれ!　あなた方（SFC）のコミュニティ活動のために、Linuxを道具に使わないでくれ」
- （結局、BusyBox）プロジェクトを破壊した人々は、それらのプロジェクトを（GPL Enforcementを証明することにより）「救済しよう」と主張した弁護士であった。
- （GPL Enforcementの代わりに）以下のテーマを提案する。「弁護士たち：オープン性にとっての害毒、そしてコミュニティにとっての害毒、プロジェクトにとっての害毒[6]」

つまり、世界中の弁護士は、GPL Enforcementを命題にして議論し、その強制力を証明することが、OSSコミュニティを「救済する」と思って活動していたようです。しかし、これが誤解であり、間違いでした。強制力を証明しようとして、OSS開発プロジェクトをつぶしてしまっては元も子もないわけです。開発プロジェクトがつぶれる事をお構いなしに活動するから「害毒」とまでいわれたのでしょう。

[6]：「Lawyers: poisonous to openness, poisonous to community, poisonous to projects」（https://lists.linuxfoundation.org/pipermail/ksummit-discuss/2016-August/003580.html）

裁判ではなく法遵守を求める選択肢

GPL違反者に、「われわれがGPLに従わないといけないと思っているのか？オーケー、では訴えてみたらいい。そうでなければ従うものか」といわれたなら、裁判に訴えるのではなければ、どうすべきでしょう。

GPL作成者がいうように、素直に著作権法に基づく権利として、筆者は次のように応えればよいと考えます。

- 従わなければならないのは、GPLではなく、著作権法。
- GPLの許諾なくば、再頒布は著作権侵害であり著作権法違反。

実は、GPLv2の第5条にも、そのものが次のように記述されています。

> 5. あなたはこの許諾書を受諾する必要はない。というのは、あなたはこれに署名していないからである。しかし、この許諾書以外にあなたに対して『プログラム』やその派生物を改変または頒布する許可を与えるものは存在しない。これらの行為は、あなたがこの許諾書を受け入れない限り法によって禁じられている。

「法によって禁じられている」の法とは、もちろん、著作権法のことです。「GPLは契約」と考える人は、素直にそう読めないようです。

結局のところは

GPLを語る多くの弁護士は、「GPLは契約」と説明して「GPL Enforcement」の有効性を示すことにより、OSSコミュニティを支援しようとしていました。しかし、支援していたOSSコミュニティは、OSSの著作者（権利者）のコミュニティではなく、GPLを推進するコミュニティ（弁護士を含む）でした。

その結果、開発コミュニティでは、メンバーが離れていくなどの弊害があり、GPL推進のコミュニティとひとまとめに「弁護士は害毒」と非難されたわけです。一部の弁護士達は、その事実の認識ができないために、「支援しているのになぜ非難されるのか」とツイッターでつぶやき、理解できていないようです。

一般人によくあることですが、開発プロジェクトもユーザーコミュニティもGPL推進コミュニティもそのほかのOSSに関わるコミュニティを一緒くたにOSSコミュニティと捉えているから、こんな勘違いなことをしてしまうのでしょう。

何の制約もない自由という誤解

2000年前後、OSSが流行りだしたころに、「何の制約もないことが真の自由だ」という方が少なからずいました。そんな自由などないのに、「自由」といえば何か崇高なことを述べている気になっていたのでしょう。しかし当時、日本のユーザーコミュニティのメーリングリストでそう主張する方に対して、ちゃんとたしなめる方がいました。「自由には枠があって、枠の中ではじめて自由が実現する」ようなことを述べられていて、僭越ながら感心してしまった記憶があります。

自由とは

「自由とは」というキーワードでネット検索すると、なんと福沢諭吉先生の「学問のすすめ」がヒットします。青空文庫などで全文が参照できますが、次のような記述があります。

> 学問をするには分限を知ること肝要なり。人の天然生まれつきは(中略)自由自在なる者なれども、ただ自由自在とのみ唱えて分限を知らざればわがまま放蕩に陥ること多し。(中略)自由とわがままとの界は、他人の妨げをなすとなさざるとの間にあり。

つまり、「枠」とは「分限」のことであり、「何の制約もない自由」とは「わがまま放蕩」でしかないと断じており、妙に合致しています。

では、GNUプロジェクトがそう考えていたかというと、『自由ソフトウェアとは?』に次のような記載があります。

> ほとんどの自由ソフトウェアのライセンスは、著作権を元にしています。そして著作権によって課することができる要求には制限があります。

つまり、「著作権という枠の中で制限があります」と認識していることがわかります。「契約内容自由の原則」つまり「当事者間が合意すれば、公序良俗に反しない限り、契約内容は自由」とは考えていないということです。こういうところからも、GNUがライセンスを契約と考えていないことが推察できるでしょう。

フリーソフトウェアの理念といわれるものについて

「何の制約もないことが真の自由だ」という誤解は、「『すべてのソフトウェアは人類の共有財産であるべきだ』というフリーソフトウェアの理念」という表現でも出回っています。2003年に一般財団法人ソフトウェア情報センター（以下、SOFTIC）から発行されたレポートに紹介されている記載です。IPAで公表されたOSSモデルカリキュラムの講義ノートにも、「人類の共有財産としてソフトウェアを見るとき、その知的財産権は排他的なものであってはならないとするストールマンの思想」と紹介されており、いまだに誤解が流布され続けています。

ネット検索しても、GNUのサイトやストールマン氏の発言に、そのような理念や思想を記載した部分を見つけることができません。上記レポートの筆者に直接問い合わせてみましたが、当時「常識」という認識だったらしく出典を確認することができませんでした。つまり、根拠のない聞いただけの話に過ぎないわけです。

私が推測するには、「何の制約もない→誰が何をしてもよい→人類の共有財産」という誤解や論理の飛躍だったのではないでしょうか。もし本当に何の制約もない人類の共有財産であれば、誰が、GPLなどの許諾条件を受領者に課すことができるのでしょうか。著作者が著作権を保持しているからこそ、その権利の行使としてGPLという条件を課しているです。そういう論理的な説明をせずに、SOFTICやIPAのレポートでは、理念とか思想とかの言葉で誤魔化しているようさえ見受けられます。

人類の共有財産

著作権や特許権は、死後70年や20年までの保護期間終了後は、パブリックドメイン、つまり人類の共有財産になります。特別な理念とか思想とかは必要ありません。

半田正夫先生は、いくつかの著書で、次のように述べています。

六　著作権には制限がある
著作権の社会性
（中略）
　著作者は著作物の作成にあたって必ずなんらかの形で先人の文化遺産

を摂取し、これをベースにしているはずである。とするならば、新たに作成された著作物も一定の間は創作した人へのご褒美として権利を与え、その独占的利用を認める必要があるが、その時期以降はすべての人に開放して、後世の人々が先人の文化遺産のひとつとして自由に利用できるようにしなければならない。

（中略）また、著作物はそれを作成した著作者個人のモノであることには間違いないが、見方を変えると、それは国民全体の共通財産としての一面をもっているともいえる。
したがって、たとえ保護期間内であっても、一定の範囲内での自由利用を国民に認めることはその国の文化の発展にぜひとも必要なことといわなければならない。

半田正夫著（2001）「インターネット時代の著作権」丸善、P52より

保護期間内であっても、その権利を行使して一定の（条件の）範囲内での自由利用を受領者に認めるのが、OSSにおいてはGPLなどのOSSライセンスです。

コピーレフトとは

コピーレフトは、「自由の理念や思想」を表す言葉ではありませんでした。先の「保護期間内であっても、その権利を行使して一定の（条件の）範囲内での自由利用を受領者に認める」ような著作権の使い方、行使の仕方を「コピーレフト」と呼んだのです。GNUのサイトでも「コピーレフトとは、（中略）一般的な手法の1つです（Copyleft is a general method）」と、「手法」であると述べています。

コピーレフトも二次創作の自由を拡大しますので勘違いしている方がいますが、二次著作者の自由を拡大する思想というわけではありません。立場や論理が違うことを下記に説明します。

ある原著作者が原著作物を創作し、それを摂取した二次著作者が二次的著作物を創作する構図において、一般的には、原著作者と二次的著作権者の対立の構図が生まれます（図3-8）。原著作物を摂取した者は、二次的著作物を二次創作する権利はないにもかかわらず、無許可での自由な二次創作を主張したりするので、権利を専有する原著作者と対立するのです。

◉図3-8　一般的な原著作者と二次著作者の対立の構図

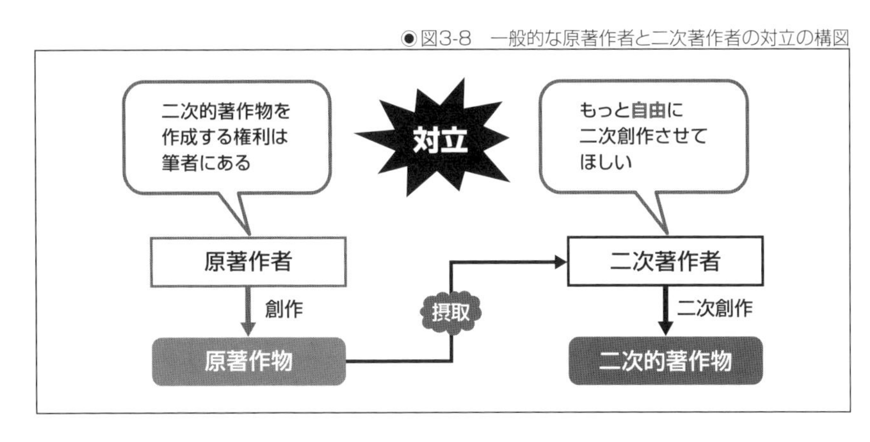

コピーレフトとは、原著作者の二次的著作物を創作する権利を根拠に、GPLなどのOSSライセンスの形で「ソース開示を条件に二次的著作物の二次創作およびその頒布を許諾する」という著作権行使の手法です。二次的著作物を二次創作する権利を専有する原著作者が、「GPLを条件に自由に二次創作すること、およびその頒布すること」を推奨して許諾しているのですから、対立は生まれません(図3-9)。

◉図3-9　コピーレフトと呼ばれる著作権行使の手法

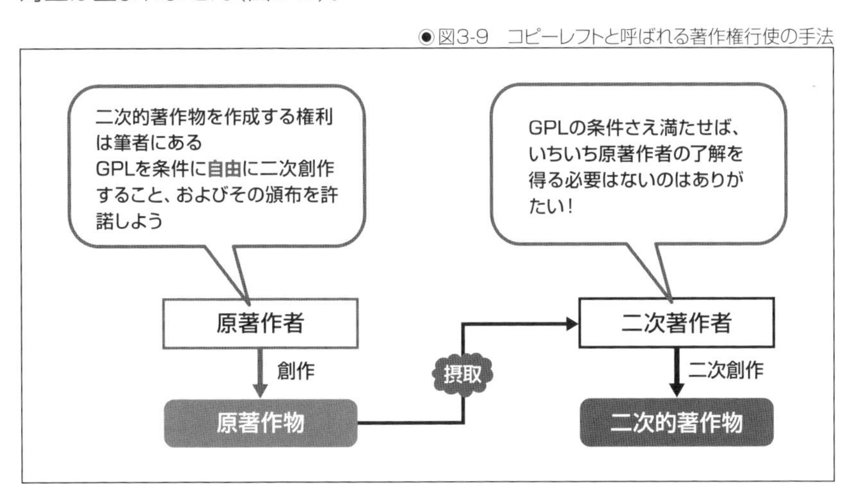

つまり、「自由を拡大する」という一見すると同じ主張をしているように思いがちであるが、権利がないのに主張している立場と、権利を専有する者が主張(コピーレフト)している立場とでは、道理が大きく異なります[7]。

[7]:GPLの「条件さえ満たせば、いちいち原著作者の了解を得る必要がないのはありがたい」という手法をプログラム以外の著作物にも広げようと考えたのが、アメリカの法学者ローレンス・レッシグ教授です。クリエイティブ・コモンズ(CC)というプロジェクトで、クリエイティブ・コモンズ・ライセンスと総称される各種ライセンスを定義して利用の促進を呼びかけています。

なお、ここでいう「自由」とは、「二次創作する自由」、つまり、半田先生の言葉でいうと「著作者は著作物の作成にあたって、先人の文化遺産のひとつとして自由に利用できる」ことです。「何をしても無責任で済まされる」という意味ではありません。

以上のように、OSSにおけるライセンス上の「自由」とは、多くは、二次的著作物を創作するなどの特定の行為を可能にする自由であって、何も制限がないことを求める自由ではないことに注意しましょう。

SECTION-18

IPAの報告書がバイブルという誤解

IPAおよび、一般財団法人ソフトウェア情報センター(SOFTIC)から、2003年ごろから、GPLに関わる報告書が発行されていました。

- 2003.8.20 SOFTICの研究会報告書「オープンソース・ソフトウエアの現状と今後の課題について」
- 平成14年度電子商取引関連基盤技術開発実証事業「オープンソースソフトウェアのライセンス契約問題に関する調査」柳沢茂樹、上村哲弘
- 2003年11月 15情経第907号 平成15年度電子商取引関連基盤技術開発実証事業「オープンソフトウェアの法的諸問題に関する調査」調査報告書(SOFTIC)
- 2005年2月 2004情財第741号 オープンソースソフトウェア活用基盤整備事業「ビジネスユースにおけるオープンソースソフトウェアの法的リスクに関する調査」調査報告書
- 2007年3月 経産省委託「オープンソースソフトウェアライセンスの最新動向に関する調査報告書」(SOFTIC)
- 2009年4月 GPL v3 解説書 「GPLv3 逐条解説」(IPA)
- 2010年5月 「OSSライセンスの比較および利用動向ならびに係争に関する調査」調査報告書(IPA)
- 2013年3月 「OSS ライセンス遵守活動のソフトウェアライフサイクルプロセスへの組込み」(IPA)

これらの報告書は、いろいろと役に立つ情報が含まれています。たとえば、エーベン・モグレン先生へのヒアリング結果(GPLv3逐条解説)や、ヨーロッパ委員会(EC)の報告書の紹介など、参考になる情報へのリンクです。

しかし、各報告書の執筆者自身が記載した内容には、今まで紹介したような誤解に基づいた解説が多く、すべてが正しい記述というわけではありません。二次情報、三次情報であるという前提で読む必要があります。

なお、2003年以前の2つの資料は、すでにリンク切れで今はアクセスできません。そのほかの資料でも、疑問や修正の可能性を各団体に問い合わせてみましたが、「本事業は終了しているため、対応できる者がおりません」という回答が返ってきました。

このような責任の所在が不明な資料をバイブルとして鵜呑みにしては、OSSライセンスを妥当に扱えるはずがありません。

SECTION-19

GPLは契約という誤解から生まれた誤解

「GPLは契約」という誤解からは、さらに数多くの誤解が生まれ、都市伝説かのようにコミュニティや企業・マスコミに根付いてしまっています。今まで述べたことから類推できることですが、わかりにくい人もいるでしょうからいくつか挙げてみます。

「GPLを1行でも流用するとGPLにしなければならない」という誤解

流用したプログラムに創作性があれば、著作者の指定する条件GPLなどを満たさなければ、再頒布はできません。著作権侵害になります。しかし、誰が書いても同じようになるプログラムには創作性があるとはいえません。そのようなプログラム数行では、流用元がGPLであっても、著作物として保護されないため、再頒布の条件としてGPLの条件を満たす必要はありません。

「BSDは商用ライセンスにすることができる(GPLはできない)」という誤解

GPLでもBSDライセンスでもOSSの著作者がそのように再頒布の条件を決めたならば、再頒布の際、再頒布者にその条件を変える権利はありません。再頒布者が改めて条件を指定する権利もありません。原著作者が指定した条件を満たさなければ、誰も再頒布することはできません。したがって、商用製品にBSDのプログラムが使われている状態は、BSDライセンスの条件を満たした上で、商用ライセンスが被さっているに過ぎないのです。逆に、GPLでも条件を満たした上で商用製品として販売することもできます。商用Linuxディストリビューションの商品などがその例に当たります。

「GPLの訴訟リスク」という誤解

GPLの条件を満たしていないと、主に、ソース開示していないと、提訴されることを「GPLの訴訟リスク」と呼ぶ方がいます。GPLを契約と扱うと民事事件なのでそう考えるかもしれませんが、著作権行使の許諾(条件)と扱うと著作権法違反という犯罪になります。犯罪行為をしていて、訴訟リスクという言いぐさは滑稽です。窃盗のような他人の権利を侵害するような行為をしておいて、訴訟リスクを回避する手段を求める方はいないでしょう。企業としては、訴訟リスク以前に犯罪行為にならないように条件を満たした製品開発・販売をするように努めましょう。

「GPLは厳密なルールが定められている」という誤解

GPLも他のOSSライセンスも、TODO的な「しなければならないこと」が「行為」として書かれているわけではありません。著作権行使の際の許諾条件は主に「状態」として書かれています。たとえば、「ソース公開」として知られているGPLの条件も、ソースコードをWebに公開することを求めているわけではありません。GPL条件としては、バイナリコードを再頒布する際の条件として、ソースコードを添付するか、ソースコードを提供する旨の書面になった申し出を添えることが条件になっています。つまり、バイナリを受け取った人は誰でもソースコードが入手できる状態にすることが求められているのです。その具体的な手段は指定されていません。Web公開はそれを実現する手段の1つに過ぎないのです。

「GPLは難しい」という誤解

GPLを契約と捉えて、「何か従うべきルール(TODO)があるようだが、いろいろ不明確な話があって難しい」と捉えている人が多いようです。契約と捉えて存在もしないルールを明文化しようとするから、難しいのです。できもしない方法で理解しようとしているのだから難しくて当たり前です。

GPLは著作権行使の許諾条件が書かれているのに、その著作権を理解しないでGPLの条文だけを読んで理解できるわけがありません。むしろ、GPL自身よりも著作権を理解することが難しいのでしょう。

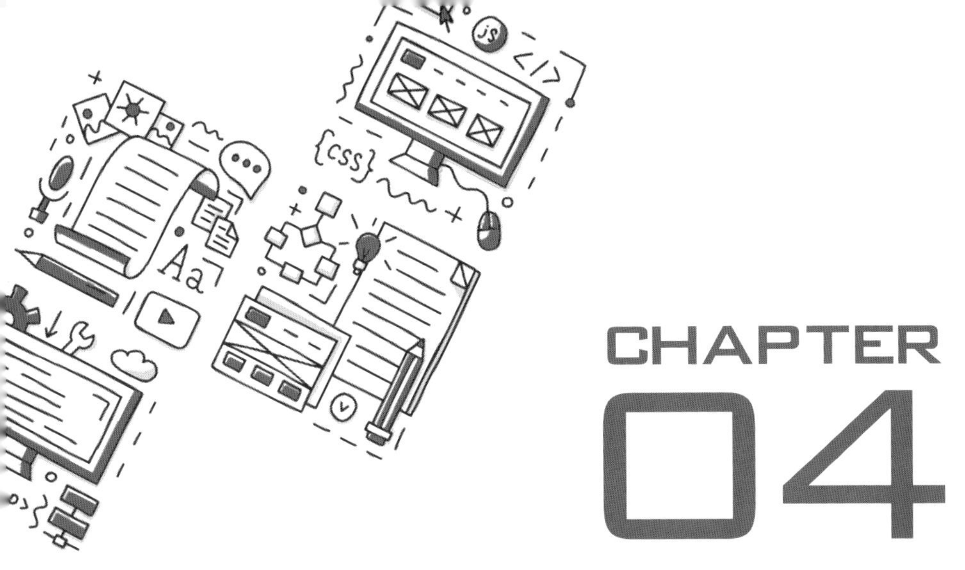

CHAPTER 04

OSSを使ったビジネスで気をつけること

本章の概要

ビジネス上、当然、犯罪とならない形でOSSを使います。

本章では、OSSを使う4つの局面を挙げて、それぞれで留意すべきことを挙げてみます。

どの局面でも、OSSライセンスを正しく理解しOSSを上手に活用するポイントは、OSSを使う人が自らの行動が著作物の「利用」なのか「使用」なのかを意識して使うことです。

SECTION-20

サービスを提供するビジネスの場合

クラウドであるなしにかかわらず、プログラムの機能をサービスとして提供するシステムにおいてOSSを活用する場合、そのほとんどは「使用」(68ページ参照)でしかなく、OSSのライセンスを気にする必要はありません。第1章で述べた『OSSの初歩的な活用方法』です。そのため、サービス事業者がOSSを活用することは、最も手軽にOSSのメリットを享受できる使い方になります。事実、多くのインターネット上の通信販売や検索のサービス事業者がそのメリットを享受し急成長しました。

ただし、サービス事業ならば無条件で使える、というわけではありません。特に、著作権は産業財産権[1]ではないので「業」[2]、つまり、おおまかにはビジネス上の権利というわけではなく、業/ビジネスの単位で許諾されるものではありません。「OSSをこういう形で使ってビジネスして問題ないですか」と問い合わせされる方が多いのですが、これは質問のポイントがずれています。業/ビジネスかどうかにかかわらず、それを行う行為の中でOSSの著作権の行使があるか否かがポイントです。あるならば、その行為は「利用」であり、OSSライセンスの条件を満たしてからでなければ、著作権侵害となります。

ここでは、サービス事業者が見落としがちな事例を2つ紹介します。サービスに付属してプログラムまたはプログラムを含む装置を頒布(「利用」(68ページ参照))する事例と、AGPL(アフェロGPL)のOSSを利用したサービスを提供する事例です。

[1]:『知的財産権のうち、特許権、実用新案権、意匠権及び商標権の4つを「産業財産権」といい、特許庁が所管しています』(https://www.jpo.go.jp/system/patent/gaiyo/seidogaiyo/chizai01.html)

[2]:『特許権者は、業として特許発明の実施をする権利を専有する』特許法 第68条

サービス提供に伴いOSSを含む端末やプログラムを頒布する場合

サービス利用者にOSSを含む端末やアクセスプログラムなどを頒布する場合、それはOSSの再頒布つまり「利用」になるので、それに関しては、各OSSのライセンスの再頒布の条件を満たす必要があります。

●図4-1　OSSを含む端末の頒布はOSSの再頒布

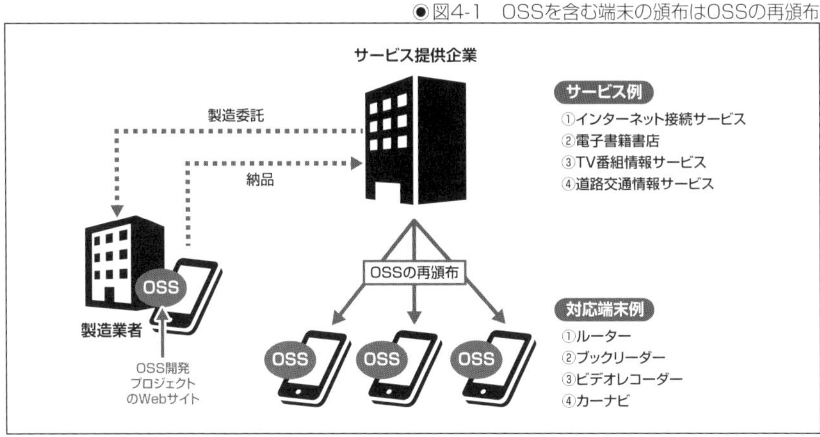

OSSを含む端末の頒布は、端末の頒布がメインなのか、それによるサービスの提供がメインなのかはいろいろなケースがあります(図4-1)。図中の事例「③ビデオレコーダー」「④カーナビ」における「③TV番組情報」「④道路交通情報」の情報提供サービスは、日本では機器の付加価値サービスに見えて、ピンとこないかもしれません。しかし、「①ルーター」や「②ブックリーダー」においては、「①インターネット接続サービス」や「②電子書籍書店」のサービスがメインで立場が逆転している感じです。海外では、「③TV番組情報」のサービス提供企業がビデオレコーダーをレンタルしているらしく、ビデオレコーダーが家庭向けに売れない国もあるそうです。

一方、アクセスプログラムの頒布は、スマホのアプリとして数多くのプログラムが頒布されています。

このような機器やプログラムの提供がサービス事業の付加的な位置づけになっている場合、機器やプログラムに含まれるOSSのライセンス条件を満たすことを忘れがちなようなので、注意しましょう。メインの事業がOSSの「使用」であっても、その一部にOSSの「利用」(頒布、複製)があれば、その部分のOSSの著作者の許諾であるOSSライセンス条件を満たす必要があります。

AGPLのOSSを改変してサービス提供に使用している場合

GNU Affero GPLv3は、GPLv3の第13条を次の内容で差し替え、再頒布を伴わない[3]Web利用にも条件を課したライセンスです。

> 13. リモートネットワークインタラクション；GPL と共に利用する場合（第1 パラグラフ）
> 本許諾書の他の条項のいかんに関わらず、あなたが本プログラムを改変する場合、あなたの改変されたバージョンは、ネットワークサーバで対応ソースへのアクセスを提供することによって、コンピュータネットワーク上でやりとりするすべてのユーザに対し（あなたのバージョンがそのようなやりとりをサポートする場合）、あなたのバージョンの対応ソースを受領する機会を無料で提供しなければならない。（以下省略）
> （GPLv3 逐条解説 第1版 2009年4月 IPAより）

わかりにくい文章です。GNUサイトの「GNUアフェロGPLの理由」での紹介の1文がわかりやすいと思うので下記に引用します。

> GNUアフェロGPLの理由
> GNUアフェロ一般公衆ライセンスは通常のGPLバージョン3を改変したバージョンです。これには一つ要求が加わっています。サーバで改変したプログラムを動かし、そこでそのプログラムとほかのユーザに通信させる場合、サーバはユーザにそこで動いている改変バージョンに対応するソースコードのダウンロードも許可しなければいけない、というものです。
> （https://www.gnu.org/licenses/why-affero-gpl.ja.htmlより）

著名なAGPLのOSSにMongoDB社のMongoDBがありました。PostgreSQLやMySQLのようなRDBMS（関係データベース管理システム）ではなく、NoSQLと呼ばれるDBMSの1つです。文字情報以外のマルチメディア情報も格納するビッグデータ用のデータベースとして注目されています。しかし、2019年1月にライセンスがAGPLからSSPL（Server Side Public License）に変更され、いくつかのLinuxディストリビューションからも除外されてしまいました。

[3]：つまり「利用」ではないので、私はAGPLをOSSライセンスの「異端児」と称しています。

ほかに著名なAGPLのOSSにiText Software社のiTextなどがあります。たとえば、買い物明細書をPDFで発行するショッピングサイトがあったとします（図4-2）。そのPDFを作成するのにiTextを改変して使ったとします。その場合、改変したiText改のソースを一般の買い物客に受領する機会を無料で提供しなければならないというものです。これらの買い物客は、iText改のバイナリを受領しているわけでないにもかかわらずです。

●図4-2　AGPLのOSSをショッピングサイトで改変して使った場合

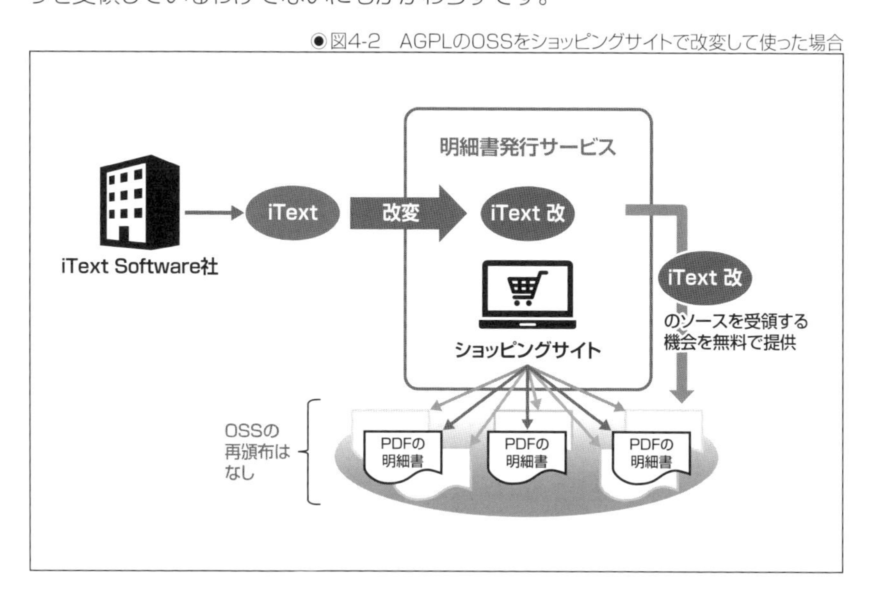

ほかのOSSライセンスと異なり、このようなバイナリの再頒布を伴わない行為にまで、条件を課しているライセンスのOSSを使っているか否かだけは、サービス提供事業でも気をつけなければなりません。

研究・教育機関の場合

直接ビジネス利用ではないでしょうが、研究・教育機関でのOSSの活用について述べます。さまざまなプログラムのソースコードを参照できるだけではなく、改変し実行することも可能なOSSは、格好の研究対象であり、教材です。手元で調査・研究している限り「使用」であり、著作権を侵害することはありません。大いに調査・研究に活用しましょう。

しかし、調査・研究の「使用」活動の延長で、「利用」することもあります。その場合は、ライセンス条件を気にしなければなりません。下記に2つのケースを挙げます。

研究成果として公開する場合

ある大学の研究成果の報告書で、「BSDライセンスは著作権表示さえすれば、何をしてもよいライセンスである」などと記述されていることがありました[4]。しかし、研究成果として、OSSを含むプログラムをWeb公開する場合は、BSDタイプのライセンスであっても著作権表示に加えてライセンス文を付ける必要があります。研究対象そのものでなく、研究成果の実行環境として公開・再頒布する場合でも同じく「利用」です。ライセンス文などを付けなければ著作権侵害に当たります。

このような誤解が生まれた原因の1つに著作権、特許権など知的財産権という名前で丸められた権利に対する誤解があるのではないでしょうか。確かに、特許法では、「第六十九条　特許権の効力は、試験又は研究のためにする特許発明の実施には、及ばない」とあります。しかし、著作権法に相当する条文はありません。世間でよくいう「知的財産権」という言葉で著作権まで特許権と一緒くたに「研究に権利は及ばない」と考えていては、犯罪を行ってしまうリスクがあります。

[4]:後日、ネット検索してみると、ウイキペディアのBSDライセンスの項にそのような記述があったので、修正を試みました。取り消されましたが文章は修正されたようです。

教育活動の延長として顕彰する場合

教育図書や教育現場では、「必要と認められる限度において」教材や試験問題に他人の著作物を掲載し学生に複製・頒布する行為は、「著作権の制限」の1つとして認められています(著作権法第33条、第35条、第36条)。

著作権法
第三十三条　公表された著作物は、学校教育の目的上必要と認められる限度において、教科用図書(筆者省略)に掲載することができる。
第三十五条　学校その他の教育機関(営利を目的として設置されているものを除く。)において教育を担任する者及び授業を受ける者は、その授業の過程における使用に供することを目的とする場合には、必要と認められる限度において、公表された著作物を複製することができる。
第三十六条　公表された著作物については、入学試験その他人の学識技能に関する試験又は検定の目的上必要と認められる限度において、当該試験又は検定の問題として複製し、又は公衆送信(放送又は有線放送を除き、自動公衆送信の場合にあつては送信可能化を含む。次項において同じ。)を行うことができる。ただし、当該著作物の種類及び用途並びに当該公衆送信の態様に照らし著作権者の利益を不当に害することとなる場合は、この限りでない。

そのためか教育活動のような顕彰活動においてまで、著作権を無視した教育関係者がいます。たとえば、「著作権啓蒙と教育は、まず、教育者から」[5]という話があります。下記に、そのエピソードの1つを抜粋します。

- 文学館設立記念に祖父の代表作の漫画化・配布を許諾した。
- 半年後、定価で販売し、同じものをWebで公開の旨の説明を受けた。
- 顕彰のために尽力してあげている、という意識なのか元教育長の文学館館長の説明は得々としていた。
- 著作権を侵害しているという自覚がないまま使い続けて、さもよいことをしているように威張っているのが苦々しい。利用申請の手続きを伝えた。
- 申請がなく確認すると「快諾していただいたので、あとはどう使ってもかまわないでしょう」と居丈高な電話があった。

---

[5]:『月刊コピライト』2013年10月号「著作権啓蒙と教育は、まず、教育者から」長尾玲子

- 今回の件は、著作権法上の教育での使用ではなく、単なる著作物の利用に当たり、出版と公衆送信の許諾が必要であることを説明すると、1カ月ほどして使用申請があった。

このように、自分の利益のためでなく、自分が大義と思うことのためであれば、他人の権利を侵害することに無頓着になってしまうのかもしれません。

著作権が何の権利であるのか正しく理解していないことには注意しようがありません。これも、著作権を特許権と一緒くたにして知的財産権などと表現したがために、「業の権利」である特許権と同じように、著作権も営利でなければ問題ないだろうと思い込んでいる人が多いからではないでしょうか。

OSSライセンスの場合、事前に条文に著作権の行使を許諾する条件が記載されているのですから、それを読んで条件を満たした上で「利用」すれば、問題にはならないはずです。条件を満たしていれば、上記のような利用申請をする必要もありません。

SECTION-22
システムを構築するビジネス(SIer)の場合

OSSを使用したシステム構築(SI)の行為自体は、一般的には、著作物の「使用」でしかありません。OSSライセンスを気にせず活用することができます。ただし、「活用しているのはシステム構築を依頼したユーザー企業」との認識で活用する必要があります。

また、システム構築のすべてがOSSの「使用」にあたるわけではありません。付随する行為で著作権の行使があれば、当然、OSSの「利用」になります。その場合、OSSライセンスの条件を満たしていなければ著作権侵害となります。

下記では、システム構築で、OSSの「利用」となるケースを紹介します。1つ目はシステムごとOSSを複製してしまうケース、2つ目はシステムに付随する部分でOSSの複製を見落としてしまうケースです。

システムごとOSSを複製してしまうケース

システム屋がよく使う言葉に「横展開」というのがあります。

◆構築システムの横展開

あるユーザーでシステム構築(SI)がうまくいくと、システムを汎用化し、別ユーザーに横展開することがよくあります。この横展開は、システムに含まれるOSSの複製権の行使にほかなりません。複製権の行使は、一度に複製する行為に限定されないので注意する必要があります。

横展開する場合、システム構築事業者(SIer)は、システム構築したソフトウェア群を組み合わせて汎用化(業務パッケージ化)したりします。ユーザー企業A社、B社、C社などにシステム構築する際には、その業務パッケージのオリジナルはSIerの手元に残したまま複製を各ユーザー企業に譲渡します。業務パッケージ化するとわかりにくくなりますが、OSSが含まれていれば、業務パッケージの複製は、OSSの複製となります。つまり、OSSの著作者の複製権を行使(「利用」)することになります(図4-3)。これは、「汎用化(業務パッケージ化)」していなくても変わりはありません。

●図4-3　システム構築物件の横展開は複製権の行使

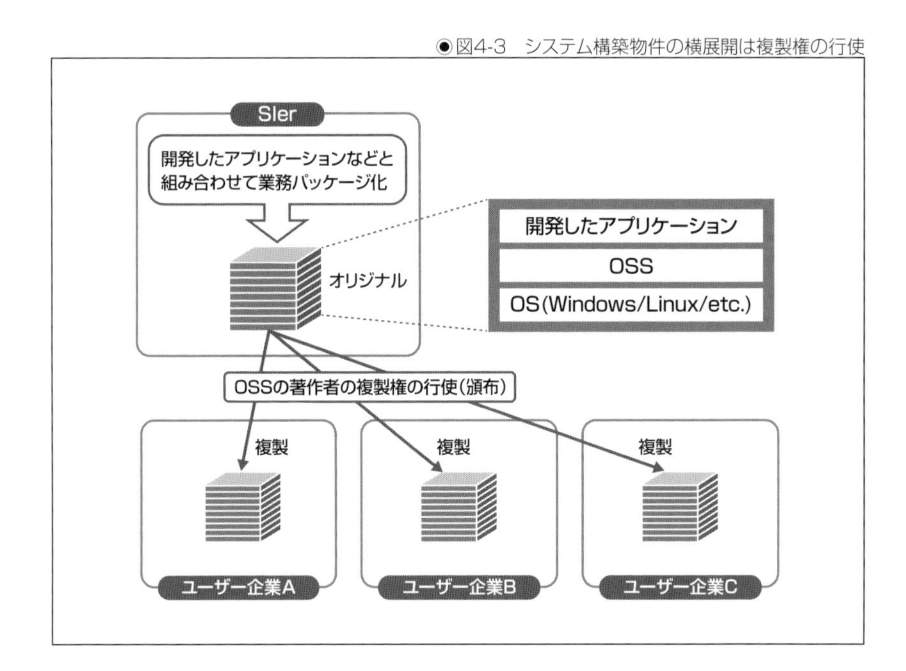

このように、システム構築物件を横展開する行為は、SIerにとっては単に有効活用しているだけのつもりかもしれませんが、OSSの開発者にとってはシステム構築という名のOSSの利用(再頒布)行為に当たります。横展開される物件に含まれるOSSのライセンス条件を満たした上で複製しなければ、著作権侵害になります。

付随する部分でOSSの複製を見落としてしまったケース

システム構築の費用感からか、付随する機能でのOSSの複製は見落とされるケースがあります。特殊なケースでしょうが、2つ事例を紹介します。

◆監視エージェントを端末に組み込む監視システムの構築

通信キャリアのユーザー企業が販売する携帯端末の状況を把握する監視システムを受注した場合を想定します。携帯端末はユーザー企業と契約したメーカーが製造するため、監視システムのプログラム・監視マネージャと通信する端末側プログラム・監視エージェントを各端末メーカーに組み込んでもらうことになります。システム構築事業者(SIer)は、監視エージェントと通信し、携帯端末の状況を把握するプログラム・監視マネージャを組み込んで監視システムを構築し、ユーザ企業に納品します(図4-4)。

◉図4-4　監視システムの構築

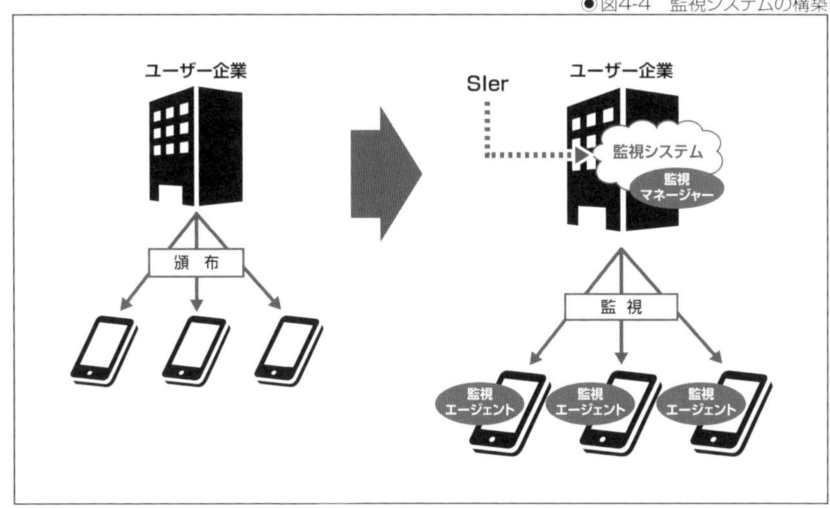

監視システムにOSSが含まれていたとしても、他のユーザー企業に横展開しなければ、複製権の行使に当たりません。

しかし、監視マネージャ/エージェントにOSSのプログラムが使われた場合はどうでしょう。ユーザー企業はOSSを監視エージェントとして端末に組込み、その端末をエンドユーザに頒布することになります。これは、OSSの再頒布にほかなりません(図4-5)。

◉図4-5　OSSを含む端末の頒布はOSSの再頒布(複製権の行使)

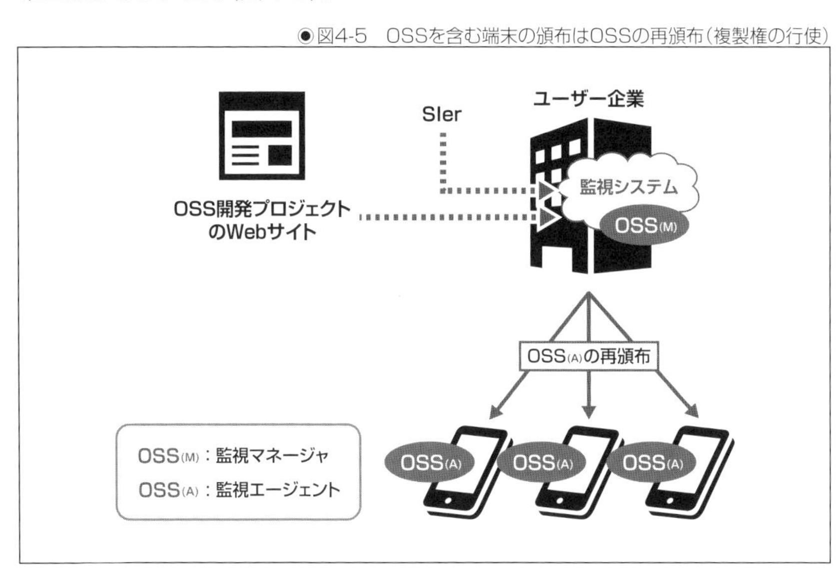

SIerはシステム実現のために、監視エージェントプログラムを端末製造メーカーに無料で提供する場合もあります。その場合は特に、監視システムの構築ばかりに目が行き、OSSを頒布していることを見落とす可能性が高くなります。ユーザー企業も端末製造メーカーもSIerから知らされなければ、OSSの再頒布を自覚することは困難です。OSSで標準的に使われる通信プロトコルを実装する際には、よく発生する状況です。

しかし、OSSのライセンス条件を満たさずに端末ごとOSSを再頒布(「利用」)すれば、著作権侵害となります。

◆アクセスプログラムをダウンロードさせるシステム構築

電子申請システムの構築をX県庁から受注し、ApacheのHTTPD上にJavaアプリケーションでシステムを構築した場合を考えます。このシステムにアクセスするために、県民はシステムからOSSを含むプログラムをダウンロードし、それを端末側で起動して県庁の電子申請システムにアクセスする仕様だったとします。

この場合も、OSSの再頒布は明らかであり、再頒布の条件を満たす必要があります。しかし、システム構築が主眼のシステム構築事業者(SIer)にとって、ダウンロードさせるアクセスプログラムはシステムの付加的なもの考えてしまうようです。そのため、アクセスプログラムの著作権の侵害に気を配らなかったのでしょうか。官庁自体がそのようなシステムを公開し、県庁がシステム構築後に再頒布の条件を満たしていないことを指摘された事例が過去にありました[6]。そのケースでは、問題が発覚後、OSSを利用しないシステムで再構築したようです。余計な手間と時間と費用が掛かったわけです。

たとえ官庁推奨の無料のプログラムであっても、自身のシステム構築が他人の権利を侵害することにならないか、確認してから使いましょう。

---

[6]:「高木浩光@自宅の日記」(http://takagi-hiromitsu.jp/diary/20050718.html)

OSSの「利用」と懸念されるが違う行為

システム構築でOSSの「利用」ではないかと懸念されることが多いのは、「①OSSをダウンロードする行為」および「②OSSを使用したシステムを納品する行為」の部分です。2つの行為ともSIerは著作権を行使していないのですが、これについて、少々細かい話になりますが、下記で説明します。

◆OSSをダウンロードする行為について

ダウンロードという行為は、Webによって著作物が複製され譲渡されることになりますが、この行為は、著作者がWebに著作物をアップロードし公開することによる著作者自身による複製権の行使です(図4-6)。

◉図4-6 OSSのダウンロードは、著作者自身による複製権の行使

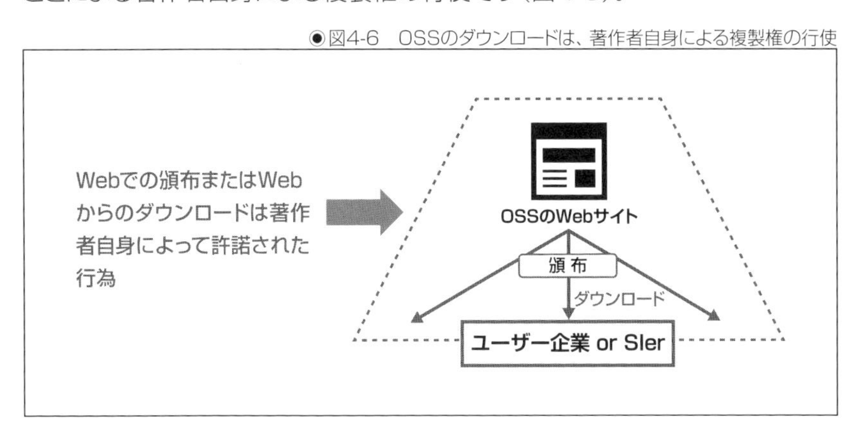

したがって、ダウンロードしたユーザ企業またはシステム構築事業者(SIer)が複製権を行使しているわけではありません。

別の解釈として、「著作者がユーザ企業やSIerに複製権の行使を許諾している」という解釈もあり得ます。そう解釈した場合、GPLのプログラムの実行形式をダウンロードした場合、複製権を行使したユーザー企業やSIerがプログラムのソースコードを用意しなければならないことになります。それは不可能なことなので、この解釈は妥当ではありません。

そのため、GPLの条件に沿ってソースコードを用意するためには、著作者自身が複製権を行使した(複製した)と解釈しなければ筋が通りません[7]。

[7]:より詳細な論考は「ダウンロードは著作権法違反か?」(http://www.osslicense.jp/paper/DoesaDownloadingViolateCopyrightAct.html)を参照してください。

◆OSSを使用したシステムを納品する行為について

システム構築における納品の多くは、構築したシステム(に含まれる著作物OSS)の譲渡であり、複製行為ではありません。また、譲渡権は、著作者が最初に頒布した時点で消滅(消尽)しています。そのため、このSIerのシステムの譲渡は、OSS著作者の譲渡権も侵害していません。

なお、システムを譲渡する際、システム構築時に開発したプログラムのソースコードおよび著作権を譲渡するケースがあります。その際、プログラムに含まれるOSSは、SIerの著作物ではないので著作権を譲渡することはできません。その旨を伝えて納品しないと「他人のものを自分のもの」と詐称したことになりかねないので注意しましょう。

組込み機器のビジネスの場合

ソフトウェアが組み込まれたハードウェア機器を組込み機器とも呼びます。スマホなどの通信機器、ルーターなどのネットワーク機器、工業用ロボットなどのFA機器、自動車などの運輸機器、プリンタなどのOA機器、洗濯機などの白物家電などがあります。

組込み機器のビジネスを、開発・[製造・生産]・販売の工程に分けてみます。研究開発部門やファブレス企業でハードウェア(HW)・ソフトウェア(SW)が開発され組み込まれた試作品が出来上がります。工場でハードウェアは量販型に改良されて製造され、ソフトウェアのコピーが組み込まれて、たくさんの製品が生産されます。製品は、商品として出荷され、販売店や代理店などを介して消費者に届きます。

書籍の販売に例えると、作家が執筆し、出版社が編集・印刷し、書店で販売して、消費者に届くのに似ています(図4-7)。

◉図4-7　組込み機器のビジネスと書籍のビジネスは似ている(?)

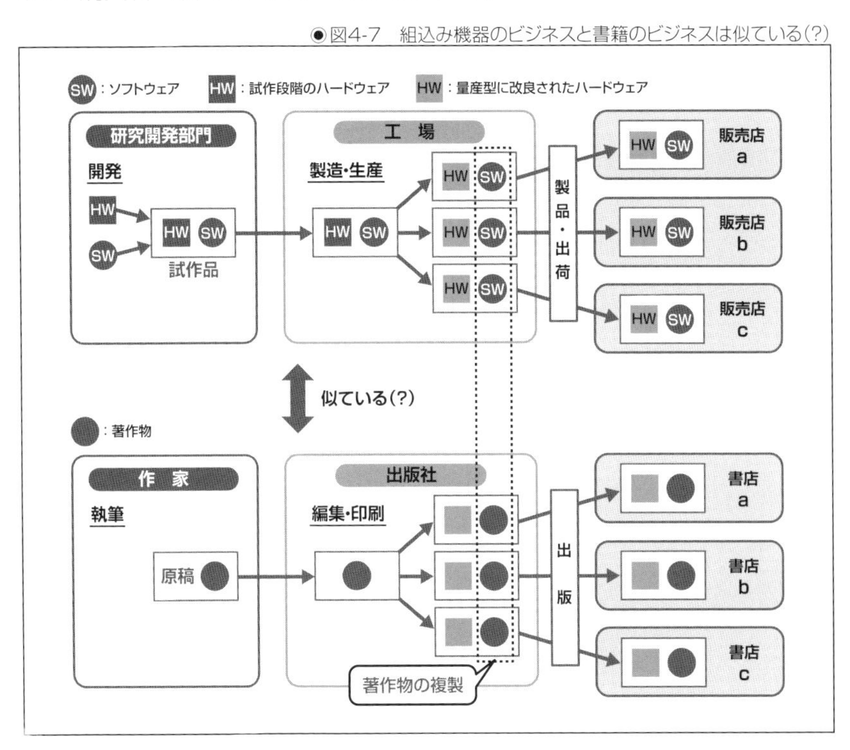

作家が他人の作品を無断で流用し原稿を作成した場合、出版した書籍は著作権侵害となります。たとえ書籍の一部であろうが、引用の範囲を超えた流用は著作権侵害です。少なくとも出版は継続できないでしょう。

同様に、他人のプログラムを無断で流用しソフトウェア開発した場合、出荷した製品は著作権侵害となります。たとえ製品の一部であろうが、引用の範囲を超えた流用は著作権侵害です。少なくとも製品出荷は継続できないでしょう。

どちらのケースも、出版社や工場が無断流用の事実を知らない場合、罪は問われませんが、他人の著作物の不正な複製となる出版や製品出荷は差止請求されて継続できないでしょう。

図4-7の中で、「●」が著作物です。「出版社で印刷」または「工場で生産」されることによって、「著作物が複製」されている様子が一目瞭然でしょう。この複製の対象になる部分で、OSSを無断利用すると著作権侵害になります。

ここでは、組込み機器の製品の場合で話をしますが、ソフトウェア製品も、同様に考えることができます。

この図からわかることは、複製の対象となる著作物に含まれないようにOSSを使用すれば、著作権侵害になりません。そこを正しく理解できていれば、OSSを上手に活用できるわけです。この場合も、第1章で述べた『OSSの初歩的な活用方法』などであれば、著作権侵害になりません。なお、トランスレーターのようなツールによっては、使用しただけのつもりでも、複製物を入れ込むツールもあるので、注意しましょう。ただし、多くのOSSの場合は、それが落とし穴のようなことにならないようにライセンス条件に例外条項を設けるなどしているので、その場合は心配ありません。個々のOSSで確認しましょう。

一方、工場で生産された製品が納品される販売企業の立場としては、製品にOSSを含んでいないことの確証として、OSSコードの検出ツールのスキャン結果などを求めることも1つの手です(図4-8)。OSS検出率0%ならば、普通は心配することはありません。漏れはあり得るでしょうが、気にしなければならないことはまれでしょう。さらに、検出されたOSSがBSDタイプのOSSライセンスのものだけならば、ドキュメントなどに必要な記載さえすれば対応可能なので、それ以外はOSS未使用の製品とほぼ同じように製品販売できます。BSDタイプ以外のライセンスのOSSが検出された場合は、ソースコードの開示の対応が必要になってきます。

なお、OSS検出率0%でなくても、検出されたプログラムのコードが著作物として保護の対象にならないものであれば、どのタイプのOSSであろうと対応は必要ありません。それは、第1章で述べたように「プログラムのうち、創作性のあるものは著作物として保護される」のであって、「プログラムは(すべて)著作物」というわけではないからです。

●図4-8　OSSを含んでいない確証を付けての納品

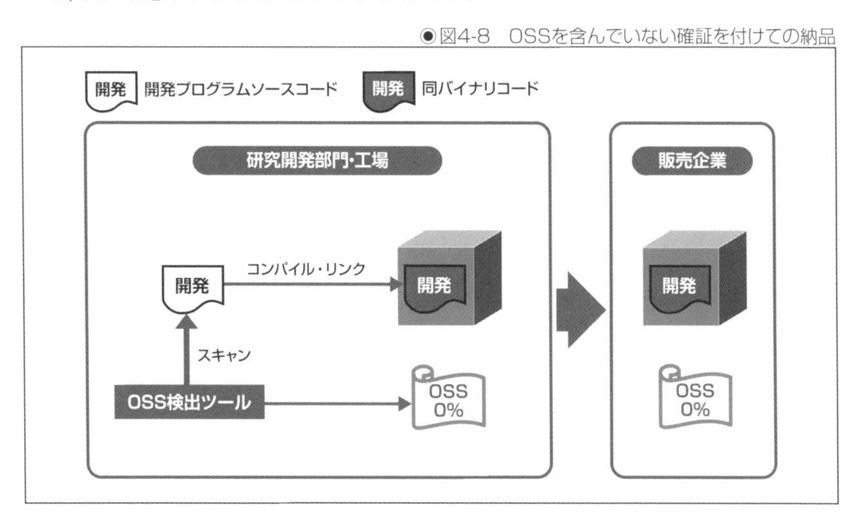

しかし、製品でOSSを使うメリットを享受するのは、製品の機能を実現するためにOSSを製品に組込む場合でしょう。その場合、OSSの頒布が必須になります。つまり、製品の生産・販売という形で、製品に含まれるOSSを複製・譲渡することになるからです。その場合、第2章で紹介したように、各OSSのライセンスで指定された再頒布の条件を満たさなければなりません。条件を満たすのは出荷前です。決して、世間でよく言われているような出荷後に果たすべき義務ではありません。

なお、本章で先に述べたように、1社のみへのシステム構築の納品（譲渡）は複製権の行使ではないのと同様に、一点物の製品を開発して納品（譲渡）した場合も複製権の行使ではありません。多くの開発者が「OSSの頒布」を「OSSを使った製品の納品（や出荷）」と誤って解釈しているので、その違いを意識するよう注意しましょう。

一般的に（少量でも）量産される製品は、普通に複製権が行使されるので、以降では、OSSライセンス条件を満たすようにOSSを上手に活用するために注意すべきことを挙げます。

OSSライセンスの条件を満たすよう開発時に利用方針を決める

著作権を行使する製品販売をする場合、OSSライセンスの条件を満たす形で出荷します。製品を出荷した後に条件を満たすことを検討しては手遅れです。第2章で紹介した4つのタイプ分けを利用して、開発する製品では、どのようなライセンス条件を満たす必要があるのか大まかに把握した上で開発設計しましょう。つまり、「どのタイプまで使用するならば、どの程度の条件を満たす作業が必要となるか」、逆に「製品としてどの作業まで許容できるので、どのライセンスタイプのOSSまで利用可能とするのか」の目処を付けます(表4-1)。

◉表4-1　利用OSSのタイプ別対処作業の概要

レベル	利用OSSタイプ	主な対処作業概要
①	BSDタイプのみ	ドキュメントに必要な記載をすれば対処できる
②	+MPLタイプ	①+OSS自身のソース開示をすれば対処できる
③	+LGPLタイプ	②+結合著作物となるオブジェクトの提供とリバースエンジニアリングを許可していれば対処できる
④	+GPLタイプ	①+結合著作物全体のソース開示をすれば対処できる

たとえば、製品開発プロジェクトのOSSの利用方針として、次のような適用レベルを選択できるように整理することができます。

- OSSのソース開示も伴わないレベル①まで
- 開発物件のソース開示を伴わないレベル③まで
- 開発物件のリバースエンジニアリングも許容できないならレベル②まで
- OSSの利用制限を設けずGPLまで対処するレベル④まで
- カーネル空間はレベル④まで、アプリ空間はレベル③まで

逆に、開発物件に含まれるOSSについて、そのOSSライセンスのタイプ分けで必要な対策を図4-9のようなフローチャートにすることもできます。

一般に、製品の開発者は、あまり理由がなくとも、ソースコードの開示範囲を小さくとろうとする傾向があります。そうしたければ、製品内のどの結合著作物のプログラムが、どのタイプに当たるのか、結合著作物の単位での見極めと、タイプ分類を見極めましょう。見極めが面倒な場合は、自社開発したプログラムを含む、すべてのソースコードを添付すれば、大抵の場合のOSSライセンスの条件を満たすことができます(両立性の問題を除く)。製品内のすべてのソースコードの添付を避けるならば、結合著作物の単位を見極める分析作業の労を惜しんではなりません。

◉図4-9　OSSライセンスの4タイプでの対処の概要

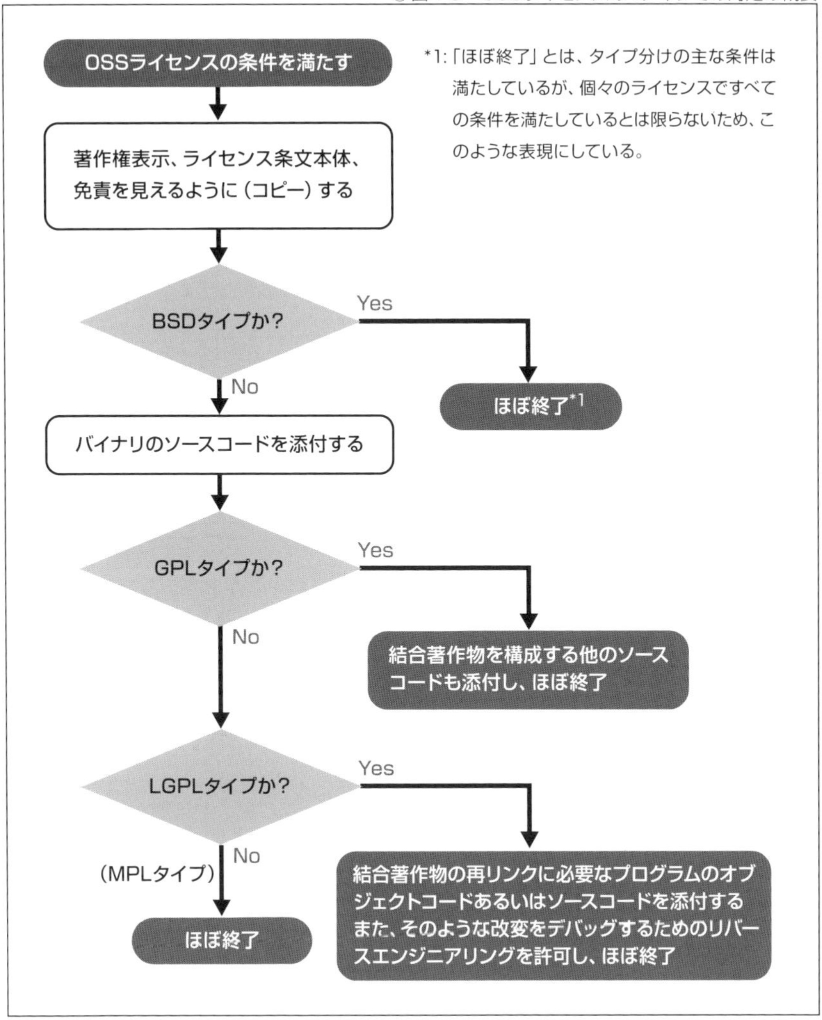

アップデートの提供時も条件を満たしているか確認

製品のプログラムのアップデートをWebサイトなどで提供することは一般的によく行われています。しかし、気をつけなければならないのは、OSSを利用したプログラムのアップデートもまた、OSSの再頒布であるということです。つまり、製品出荷の際、前項で各OSSライセンスの条件を満たし、ソースの添付または提供する旨の文書を添付済みであったとしても、アップデートに含まれるOSSの再頒布の条件を満たしているわけではありません。

◉図4-10　アップデート公開時に条件を満たすことを忘れがち

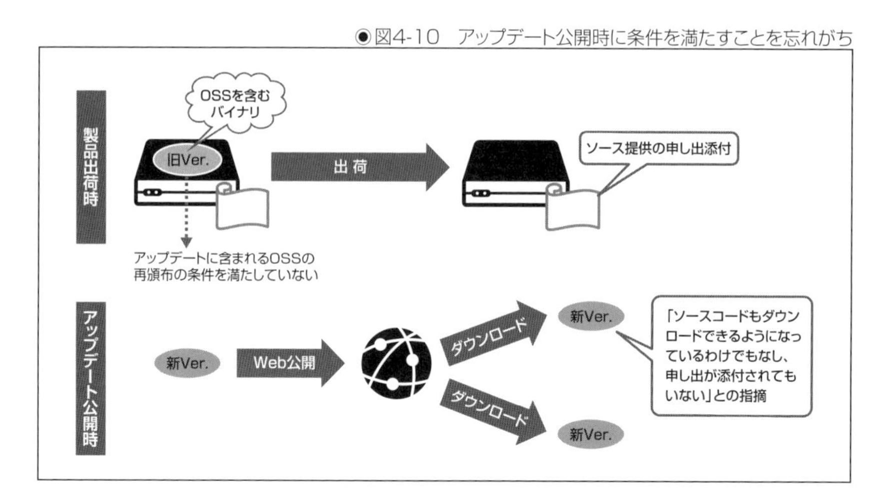

ソースコードの開示が必要なライセンスのバイナリコードならば、同じサイトからソースコードがダウンロード可能になっているか、ソース提供の旨の申し出を添付している必要があります。

製品開発者は、製品出荷時には気をつけていることでも、アップデート提供時には気をつけていないことが多いのではないでしょうか。自社製品の不具合を修正するアップデートの提供にばかり目が行って、他人の著作物を無断で頒布している事実が見えていないのかもしれません。トラブル対応に気を取られて、自分が何をしているのか見えていないのでしょう。その結果、主に海外から図4-10のような指摘を受けて、どうすればよいか相談に来られる企業は少なくありません。

本章の最後に

本章では、読者の方が、「自分がどの局面に当たるのか」を気づきやすくするために、いくつか事例を挙げました。もちろん、すべての事例を網羅しているわけではありません。決して、「自分に対応する事例がないから、自分のケースで気をつけることはない」と考えてはいけません。

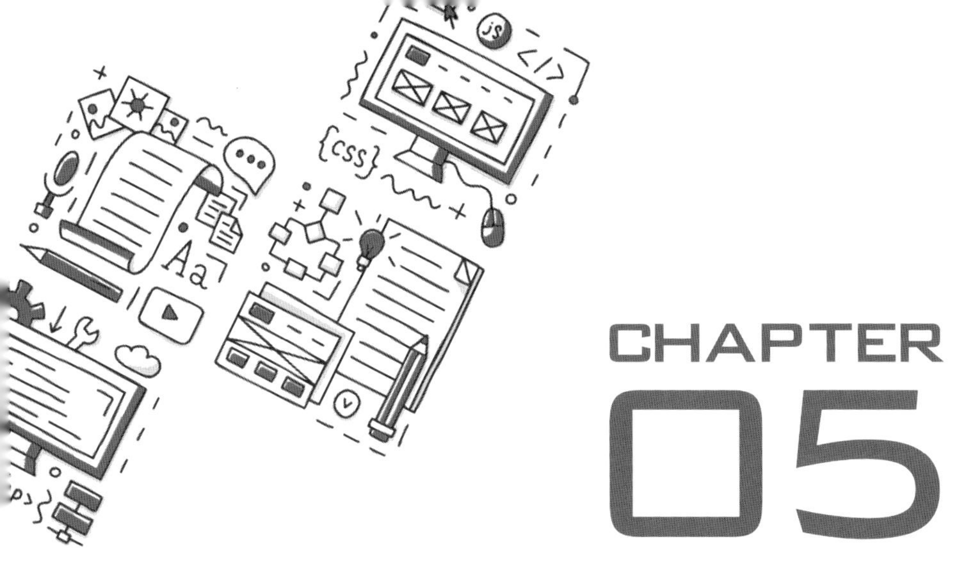

CHAPTER 05 トラブル回避のための基本的な施策案

本章の概要

OSSを利用する際にライセンス違反・著作権侵害などのトラブルにならないようにするために、筆者は「OSSライセンスと著作権法」講義をはじめ、ガイドラインの作成支援や開発管理プロセスの改善支援などの有償サービスを提供しています（OSSライセンス コンサルティング（https://jpn.nec.com/oss/osslc/））。その中で紹介している基本的な施策案をいくつか紹介します。

SECTION-24

利用OSSの一覧表の作成

OSSのライセンス条件を気にする前に、まずは現状を把握することです。自分が扱う対象にどんなOSSが含まれるのか、つまり、自分が誰のどの権利を行使(無断なら侵害)しようとしているのかを認識しましょう。そのために、対象に含まれるOSSの一覧表を作成します。

一覧表の内容

利用OSSの一覧表には次の5項目を含むようにします。

- 利用OSS
  - ① OSSの名称
  - ② OSSのバージョン
- 利用OSSライセンス
  - ③ OSSライセンス名
  - ④ OSSライセンスのバージョン
  - ⑤ OSSライセンスタイプ(第2章参照)

筆者の提案する利用OSSの一覧表の形式案を下記に示します(表5-1)。つまり、利用OSSとそのバージョン、OSSを利用する際に選択するOSSライセンス名とそのバージョン、わかれば、そのOSSライセンスタイプを確認しておきます。

●表5-1　利用OSS一覧表例

	利用OSS		利用OSSライセンス		
	①OSS名	②バージョン	③OSSライセンス名	④バージョン	⑤OSSライセンスタイプ
1	Apache Velocity	2.0	Apache License	2.0	BSDタイプ
2					
3	Samba	3.0.x	GPL	2	GPLタイプ
4	Samba	3.2.x	GPL	3	GPLタイプ
5					
6	Apache HTTPD	2.0.48	Apache Software License	1.1	BSDタイプ
7	Apache HTTPD	2.0.65	Apache License	2.0	BSDタイプ
8					
9	MyODBC	2.50.39	public domain	-	-
10	MyODBC	3.51.01	GPL	2	GPLタイプ
11					

バージョンが必要なのは、まれなことですが、OSSはバージョンにより、ライセンスも変わることがあるからです。たとえば表中の3行目～4行目のSambaは、10年以上も前の話ですが、バージョン3.0.x系まではGPLのバージョン2でしたが、バージョン3.2.x系以降はGPLのバージョン3になっています。OSSのバージョンとOSSライセンスのバージョンが並ぶので混乱しないように注意してください。表中6行目～7行目のApache HTTPDのライセンスも2004年にApache License 2.0ができてから、Apache Software License 1.1から変更になっています。これらは、同じライセンスのバージョンの違いなので、あまり扱い上の違いはありませんが、条文の文章は大きく異なります。一方、表中9行目～10行目のMySQLのアクセスライブラリであるMyODBCは、3.51.x系バージョンから、public domainやLGPLから現在のGPLバージョン2に変わりました。この場合、OSSの扱いが大きく異なる[1]ので、注意しなければなりません。

このようにOSSのバージョンによってOSSライセンスが大きく変わることもありますので、新しいバージョンのOSSを出荷などで再頒布するたびに、OSSの一覧表を作成し、ライセンスを確認しておきましょう[2]。

利用と使用の区別

一覧表を作成する際に、記載しようとしているOSSが「利用」なのか「使用」なのか気をつけましょう。

OSSの「利用」の例としては、次のようなものがあります。

- OSSを含む商品を販売・頒布する場合
- OSSを含むサービス品を頒布する場合
- AGPLのOSSを改変して用い、インターネット経由のサービスを提供する場合（著作権法上、利用といえるか疑問だが、利用扱いの条件が指定されている）

OSSの「使用」の例としては、次のようなものがあります。

- OSSのツールでプログラムを開発・デバッグする場合
- OSSのツールで性能を測定する場合
- OSSのツールで保管庫に格納する場合
- OSSを用いて、インターネット経由のサービスを提供する場合。ただし、改変したAGPLのOSSの場合を除く

[1]:アクセスライブラリを使うアプリケーションのソース開示しなければOSSを再頒布できない（GPL）か、アプリケーションのソースを開示しなくてもOSSを再頒布できる（public domain）か、の違いです。

[2]:OSSライセンスはOSSに添付されているので、OSSライセンスの変更は、通常、新たなOSSバージョンの公開の際になされます。そのため、古いバージョンのOSSを使い続ければ、OSSライセンスも変わりません。

図を用いて、この「使用」と「利用」の違いを説明します。自分が扱う対象は、OSS「A」を流用して作成する、または、プログラム「A」そのものだとします。

◉図5-1　扱う対象プログラムAの開発—「使用」

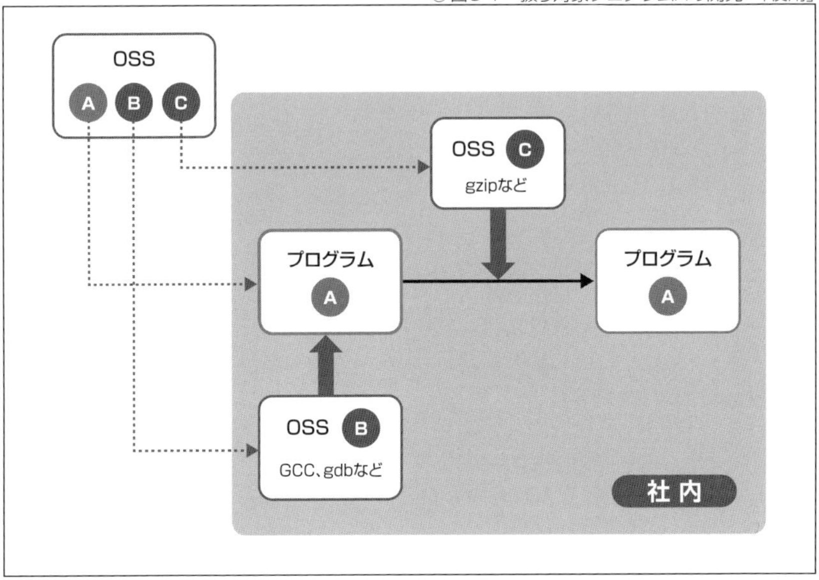

プログラム「A」をコンパイル・リンク・デバッグに、GCCやgdbといったOSS「B」を使います。さらに、プログラム「A」をgzipなどのOSS「C」で圧縮し、頒布しやすいようにします。この一連の社内での作業（図5-1）のなかで、OSS「A」「B」「C」はどれも頒布されていないので、著作権法でいうところの「使用」で、他人（OSS開発者）の著作権を行使していません。

次に、社内での作業を終えた対象のプログラムは、社内で使用するほか、商品として出荷・頒布する場合もあれば、サービス品として無料で頒布する場合もあります。有償／無償にかかわらず、プログラムの頒布は、著作権法上の「利用」に当たり、無断で利用できません。OSSの場合、無断の利用とは、OSSライセンスの条件を満たさないで頒布することです。無断で利用すれば著作権侵害（著作権法違反）になります（図5-2）。

◉図5-2　プログラムの頒布—「利用」

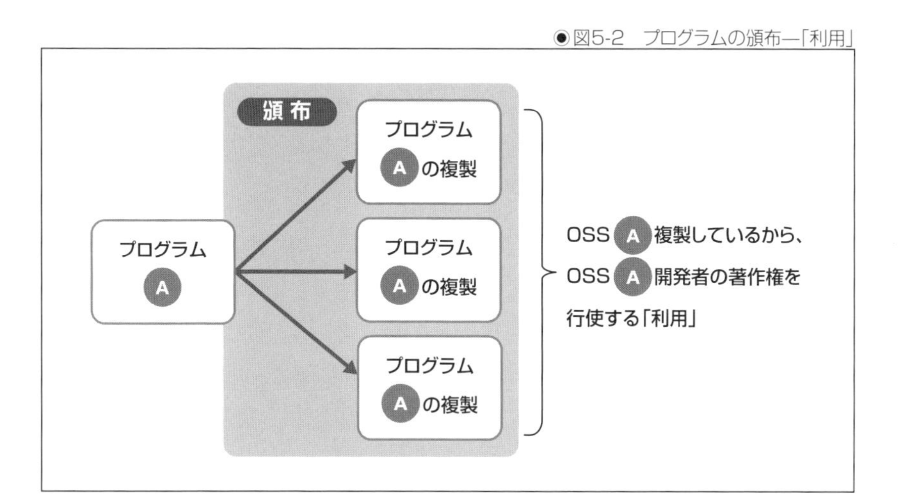

このように、ほとんどのOSSライセンスは著作権の複製権の行使の許諾条件ですが、改変(翻案)権に引っかけたAGPL(Affero GPL)v3というライセンスがあります[3]。プログラムの複製・頒布しないでローカルに実行すること、および、さらに改変して実行しても著作権法上の「使用」に当たります[4]が、AGPLv3は改変権の行使に許諾条件を課しています。

AGPLv3の条文は、GPLv3の第13条を、改変したプログラムを実行してWebサービスなどインターネット上のサービスを提供する条件に置換したものです。Webサービス利用者(たとえば、買い物利用者)は、バイナリを受領していないにもかかわらず、サーバー側で動作しているAGPLv3の改変されたOSSのソースコードを入手できる機会が与えられます(図5-3)。

◉図5-3　AGPLのOSSを改変してWebサービスに使用

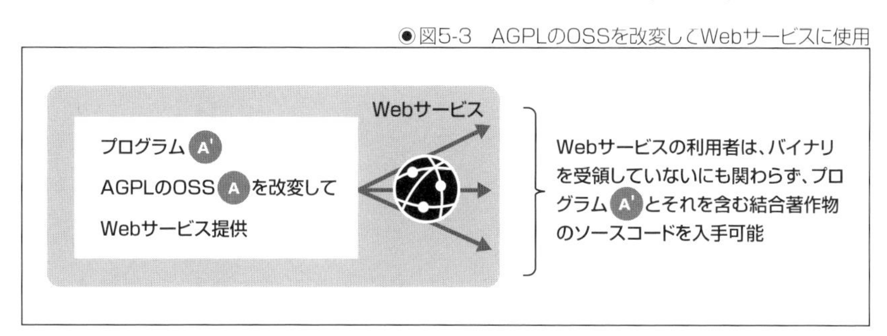

[3]:ほかに、MongoDBがそのライセンスをAGPLv3から変更したSSPLというライセンスがありますが、OSSライセンスとみなされていないので、ここでは割愛します。
[4]:著作権法(翻訳、翻案等による利用)第四十七条の六により「著作権の制限」の対象になります。

AGPLv3第13条で、サービス利用者にも、「対応ソースを受領する機会を無料で提供しなければならない」とあるからです。このライセンスは、筆者から見ると、次の点で特殊です。

- 従来のOSSライセンスは、複製・頒布の際の許諾（ライセンス）でしたが、頒布を伴わない行為に条件を付けています。
- AGPLの主なOSSは企業製プログラムであり、AGPLで提供しているとともに、商用ライセンスでも提供している場合がほとんどです。そもそも、Afferoという名称は、もととなったAGPL（v1）を作成した企業名から来ています。

以前から、複製を伴わないASP（アプリケーションサービスプロバイダー）が改変したOSSを大量に使用しているにもかかわらず、OSSコミュニティに還元していないことを「ただ乗り（free rider）」と称して不満に思う人が少なからずいました。GPLv2でこれを防げないことをGPLv2の「抜け穴（loop hole）」と呼んだりします。GPLv3策定時には、GPLv3自体にAGPLの条件を取り込むことを強く主張した方も少なくなかったようですが、取り込まれず、別ライセンスとなりました。条件が追加になってはGPLv2の条件と変わってしまうので、AGPLv3に分けたことは妥当な判断だと思います[5]。

しかし、AGPLのプログラムの著作者は、商用ライセンスでも販売する企業がほとんどであり、あたかも、お試し版のライセンスとしてAGPLでプログラムを公開している状況とも受け取れます。その状況から、商用サービスで利用する際には、商用ライセンスを購入するのがビジネス上、妥当ではないでしょうか。そのため一覧表でも、このケースも便宜的にOSSの「利用」の行為として扱ったほうがよいでしょう。

[5]:逆をいえば、GPLv2とGPLv3の条件は見た目と違って、内容はほとんど変わっていないことの証左になります。

SECTION-25

OSS利用ガイドラインの作成

OSSを上手に活用するために、社内ガイドラインを作成する企業を多く見受けます。OSS利用のガイドラインを作成する際には、次の3点に注意しましょう。

- 誤解を招く表現は使用しない
- ポリシーのみで終わらない
- プログラム構造のみでGPLを回避しようとしない

順に説明します。

誤解を招く表現は使用しない

第3章で紹介したようにインターネット上にあるOSSライセンス、特にGPLの解説は誤解または誤解を招きやすい表現が多く出回っています。誤解を招く表現には次のようなものがあります。

- ソースコードの公開
- GPLの伝播性（ウイルス性）
- GPLが適用される
- ソース開示義務が発生する
- 自由に利用できるソフトウェアライセンスである

社内のOSSライセンスのコンプライアンスを任された方が意外に無神経にこのような表現を使用します。OSSライセンスについてよく調べている方ほど、このような表現を用いたインターネット上の不適切な解説を多く読んでしまっているため、不適切な表現に違和感を持たずに流用してしまうようです。ネット上のほか、IPAやSOFTTICの報告書には、このような誤解を招く表現が満ちているため、その表現で理解したつもりになっているのでしょう。

少々、根拠を確認し、論理的に考えれば、誤解を招く不適切な表現でしかないことがわかると思います。

このようなネット上にはびこっている表現を拾って作成されたガイドラインでは、社内に誤解を広めることになります。ガイドラインを作成する際には、このような誤解を招く表現で書いてしまわないように特に注意して記述しましょう。

◆「ソースコードの公開」という誤解を招く表現

この表現は、「ソースコードをWebで公開しなければならない」ような誤解を招きます。そのような条件はGPLにありません。

もとをたどれば、ストールマン氏がMITにいたころの話のようです。MITのEmacsのコミュニティで「ソースコードを共有する代わりに、改変したらそのソースコードもコミュニティ内に公開し共通する」というルールがあったようです。それをベースに、「バイナリの受領者は誰だれでも、ソースコードを入手できるようにする」という意味で「公開」という用語が使われていたのでしょう。または、「フィードバックされる」と思い込んでいる人もいるようです。

しかしそれも、1985年、GNU EmacsをGNU Emacs General Public Licenseでリリースする際に、そういう特権的なことは間違っていたとリチャード・ストールマン氏は主張を変更しています[6]。

そのような今はなき昔のルールが、GPLでも生きていると思い込んで語る人が多かったのでしょう。

◆「GPLの伝播性(ウイルス性)」という誤解を招く表現

この表現は、「GPLのプログラムに接触すると、あたかもGPLが感染する」かのような誤解を招きます。たとえば、自身が開発したアプリケーションプログラム(AP)が一度でもGPLライブラリをリンクした過去があるならば、APのライセンスがGPLになるという誤解です。

著作権法上、著作者以外が頒布(複製)の許諾条件を指定する権利はないので、そのようなことは起こり得ません。GPLにもそのような記載はありません。

しかし、ネット上では「GPLのプログラムを含む全体のプログラム(結合著作物)を頒布する際は、その全体はGPLが課す条件に従わなければならない」ことを「感染する」と表現している情報が多いようです。そのため、GPLを調べている方ほど、安易に「感染する」「伝播する」という表現を使ってしまっているようです。

---

[6]:自由としてのフリー(2.0)リチャード・ストールマンと自由ソフトウェア革命第九章GPL(https://e-yuuki.org/docs/free_as_in_freedom/chapter9.html)

条文上は、GPLライブラリをリンクしたアプリケーションがGPLの条件を受け入れてソース開示できないならば、GPLライブラリのプログラムを頒布できません、つまり、GPLライブラリをリンクしたアプリケーションも頒布できないだけです。GPLライブラリを伴わなければ、アプリケーションはGPLに関係なく頒布できます。

◆「GPLが適用される」という誤解を招く表現

この表現は、再頒布者に「ライセンスを適用する権利があるが、GPLにより強制されるルールがある」かのような誤解を招きます。

著作権法上、著作者以外が頒布（複製）の許諾条件を指定する権利はなく、再頒布者にライセンスを適用する権利はありません。

世の中に誤解している人が多いですが、BSDライセンスのOSSも、受領した者が著作者に無断で、商用ライセンスやGPLに変更などできません。

再頒布者が二次的著作権者だとしても原著作者の権利を変更することはできず（日本国著作権法第十一条）、原著作者の指定したOSSライセンス条件を満たさなければ、再頒布できません。

GPLが適用されるのではなく、著作者が指定したGPLの条件が再頒布の条件であって、その条件を満たせないならば、再頒布できないという権利関係の話です。

◆「ソース開示義務が発生する」という誤解を招く表現

この表現は、製品出荷後でも「要求されれば、粛々と義務を履行して、ソース開示すればよい」という誤解を招きます。

製品出荷時点で、OSSを複製・頒布しているので、条件を満たしていなければ、すでに著作権侵害を犯してしまっているのです。「出荷すると義務が発生する」と誤解していると手遅れです。OSSライセンスは複製・頒布となる出荷前に満たさなければならない再頒布の許諾条件と正しく理解しましょう。

◆「自由に利用できるソフトウェアライセンスである」という誤解を招く表現

この表現は、「OSSライセンスは（マイクロソフト社製品のEULAのようなAgreement（合意）する）ライセンス契約」であるかのような誤解を招きます。

特に、OSSを使ったことがない人は、シュリンクラップやクリックオン（クリッククラップ）のような合意行為により契約するものと誤解します。中には、OSSにもインストール時や最初の起動時にプログラム使用許諾契約書に合意を求めるダイアログが出て、そこで合意するものと誤解している人までいます。

そして、そうやって表示されるプログラム使用許諾書の内容が、GPLなどに置き換わったものがOSSライセンスと誤解しているのです。

ポリシーのみで終わらない

OSSライセンスの概要紹介とポリシーのみを記載したガイドラインは全社方針としてよいかもしれませんが、開発現場で役に立つでしょうか。開発現場で必要なガイドラインは、「概要紹介」「ポリシー（対処方針）」だけではないでしょう。「具体的な利用法」は条文のどこに対応するのかの解説や、条文に基づく対策の例示が必要ではないでしょか。

- 具体的な製品形態に合わせたOSSライセンスの概要紹介
- 具体的なOSSの利用方法での対処方針
- 利用OSSライセンスの条文の解説は具体的な利用方法に合わせて詳細に
- 対策ガイドは（誤解を招く表現ではなく）根拠（条文など）に基づいた対策

このような内容を記述するためには、少なくとも、次の2点を調査・整理した方がよいでしょう。

- 商品の頒布方法（流通形態）：どこで複製し頒布するのか
- 開発（予定）物件に含まれるOSS：どのようなOSSを使うか

前者は整理することができても、後者を調査することが難しい場合があります。そういう場合には、OSS検出ツールBlack Duckなどを使うのも1つの手です。日本では、NECのほか、いくつかの企業で扱っていますが、ツールの出力結果の分析を支援できる企業は少ないようです。NEC以外の取り扱い企業の多くでは、ツールが適切に動作することまでしかサポートされないようなので注意しましょう。

人手またはOSS検出ツール結果の分析により、利用OSSとOSSライセンスを特定したら、ガイドラインには、次のような詳細な分析を記載しましょう。

- どういう出荷(頒布)の仕方で
- どういうスタンスのコミュニティの
- どのOSSをどのように使うのか
- OSSのライセンス条文のどの条項に対して、どのように対処するのか

このような調査分析報告書のようなガイドラインは、出荷形態や利用OSSの種類に依存するので汎用性は乏しくなります。そのため、事業部などの単位、できれば製品群ごとに作成しましょう。むしろ、ガイドラインをOSSライセンスを正しく理解した扱いのケーススタディとして扱う方が適切でしょう。

なお、同じ製品でもビジネスモデルが変われば、出荷形態つまりOSSの複製・頒布の形態が変わります。たとえば、サービス提供に「使用」していたOSSであっても、そのサービス提供のシステムを外販するビジネス(いわゆる「横展開」)を始めるとOSSの「利用」になります。「OSSライセンスは、システム開発時に気をつければよい」と誤解している方は、この点に気がついていないことが多いようです。つまり、使用時はOSSライセンス違反ではありませんが、条件を満たさずに利用した途端にOSSライセンス違反となるのです。このようなビジネスモデルの変更に気がつく程度に製品と近いところに、OSSライセンスを確認できる方が必要でしょう。

プログラム構造のみでGPLを回避しようとしない

ポリシーとして「ソースコードの開示はしない」という企業はあると思います。その対応として、「GPLタイプのライセンスのOSSを利用しない」「OSS検出ツールで非使用を確認する」ならば、妥当な対応と思います。

しかし、GPLのOSSは利用するにもかかわらず、ソース開示しないために、次のような根拠のない対応策を羅列したガイドラインを見かけることがあります。

- GPLのライブラリでも標準インタフェースならば大丈夫
- GPLのプログラムを呼び出すときは、中継プログラムを挟めば(ラッパーを被せれば)伝播しない
- Linux上のアプリケーションプログラムにLGPLのライブラリを挟めば、(Linuxの)GPLは伝播しない

これらは、開発者がプログラム構造をなんとか工夫すれば、GPLによるソース開示の条件を回避できると誤解した文言です。インターネット上の誤解を招く表現を鵜呑みにした上で、このような根拠のない対応策に腐心したガイドラインを見かけることがあります。OSSライセンスが著作権行使の許諾の条件が記載されているという基本を理解していないようです。

このようなガイドラインのレビューを依頼されることがありましたが、根本的な理解が誤っているので改善することはほぼ不可能でした。OSSライセンスは著作権から正しく理解することが必要です。筆者が提供する「OSS利用ガイドライン作成支援サービス」でも、「OSSライセンスと著作権法講義」を受講済みの方を対象としているのは、そのような理由によるものです。理解の共有化ができなければ、書いた意味が誤解され、延々と無意味なやり取りが繰り返されるケースが多ったためです。

SECTION-26

品質管理プロセスの改善

OSS利用ガイドラインを作成したら、その内容に従って開発を行うと思いますが、開発部隊が大人数の場合、なかなか全員に浸透しないものです。その場合、内容に従って開発が行われているか確認し、定着化を図る必要があります。

機能の開発という立場から見れば、OSSライセンスの条件を満たすという行為は、余計な作業に見られがちです。展開した当初は意識していても、次第に忘れ去られ、何もしなくなるケースもあるでしょう。そうならないためには、OSSライセンスを確認するステップを品質管理プロセスに組み込み、確認が実施されていなければ出荷できないように、標準規程を改訂するのが1つの手です。

その場合、「OSSを利用しているモジュールにおいて『OSSライセンスの条件を満たしていることを確認する』」ことは当然ですが、他に2つのケースを考慮し、確認漏れがないように対応しましょう。

1つ目は、「OSSを利用していないモジュールであるならば『OSS検出ツールでOSSが0%の検出結果であることを確認する』」ことです。開発リーダーが「開発プログラムはすべて目を通しているからOSSはまったく利用していない」と主張したとしても、確証として記録できるものを残しておきましょう。納品先のメーカーによっては、確証がなければ納品を受け付けないところもあります。

2つ目は、「外注先からバイナリで納品され、ソースコードでOSSの流用を確認できないならば、『外注先から上記どちらかの確認結果を文書で入手して確認する』」ことです。納品物件を含む製品を販売・再頒布する場合、「納品物件にソースコードがないから確認できない」ことが、OSSライセンス条件を満たさないことの免罪符にはなりません。

その結果を各モジュールでOSSライセンスのコンプライアンス問題をクリアしているという確証として「クリア状況報告書」(図5-4)というものを記載することを筆者は提唱しています。

◉図5-4　クリア状況報告書(各プログラム用)の1枚目の例

クリア状況報告書（各プログラム用）

文書番号		
発行部門名		
発行日		
承認	査閲	作成者

※ 下線のリンクのある項目をクリックすると作成ガイド・シート の補足説明に飛びます。このシートに戻る場合は、シートを選び直してください。

表０：プログラム情報

プログラム名	
バージョン	
プログラム定義	

※ プログラムは、 OSSライセンス違反が無いはずの3つの状態 に納まっていることを確認し、
その遵守状況の結果を表１に記入してください。

OSSライセンス違反が無いはずの3つの状態から、プログラムを「自社開発」「他社からの仕入れ」「OSS」の3つに分類して扱います。
個々のプログラム全体がこの3分類に分かれることもありますが、一つのプログラム内に3つのモジュールが混在する場合もあります(ここでいう「モジュール」とは、一般のプログラムモジュールではなく、この3つに分類される大雑把な単位です)。混在する場合は、そのモジュールすべてに対して上記フローチャートで遵守の確認をしてください。
その結果をまとめて表1にプログラムのクリア状況結果として記入してください。

表１： プログラムの遵守状況結果

□ a) 当該プログラムにOSSは含まない。OSS以外の第三者のプログラムも適正に利用している。

□ b) 当該プログラムは別紙1の通りOSSなどを含むが、ライセンス条件に対する対策を実施済み。
(表2が記入済みであること)

□ c) 当該プログラムは別紙1の通りOSSなどを含み、ライセンス条件に対する対策未実施。
(表3、表4が記入済みであること)

さらに、各「モジュール」でクリアしたら、「製品」としてクリアしたという「クリア状況報告書」を作成し、出荷判定会議などの資料として確証を残すという管理形態をとりましょう。

これら一連の流れをまとめると図5-5のようになります。

◉図5-5 クリア状況報告書を用いたOSSのライセンスの確認手順

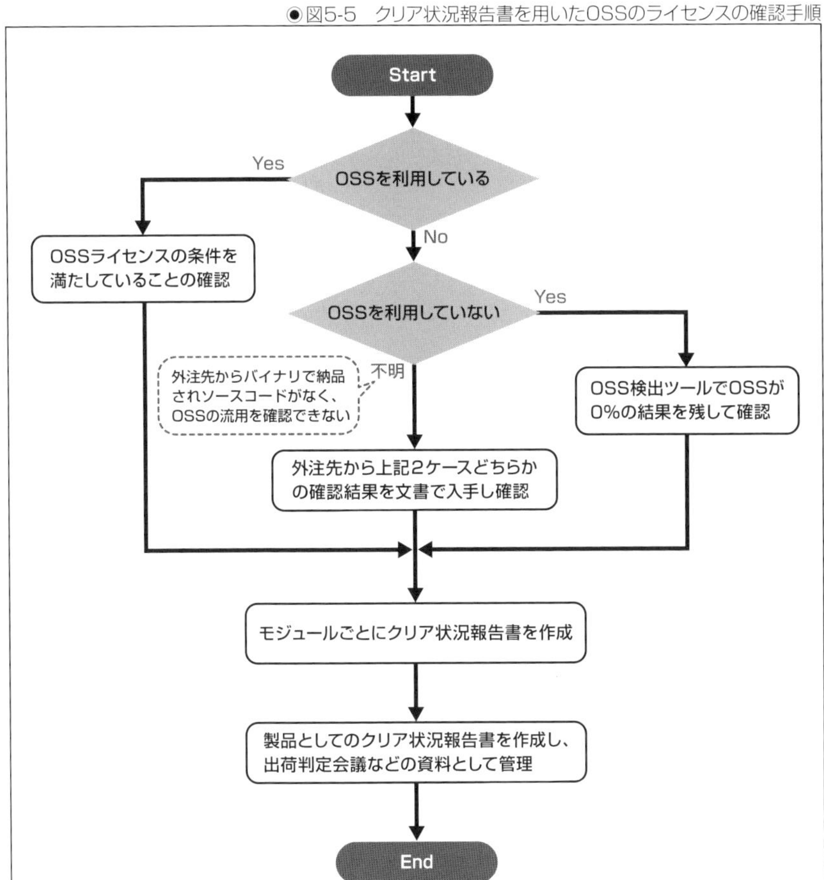

たとえば、このような帳票管理を取り入れた品質管理プロセス標準に改訂しましょう。

ただし、余分な作業は少ない方がよく、上記の管理フローを無条件に全社に導入するのは不適切でしょう。商品を広く頒布する消費者向け商品は、OSSライセンス違反を指摘されやすいため、作業が重くても、ぜひ、クリア状況報告書とOSS検出ツールとの併用による管理を検討しましょう。また、消費者向け製品でなくても、訴訟やライセンス違反の指摘の多い海外での利用の多い製品では、消費者向け製品に準じて管理をする企業が少なくありません。

このように、商品のリスクの度合いによって、管理のさじ加減を変えることが望ましいのではないでしょうか。

OSSライセンスの条件を満たしていることの確認のために

OSSライセンスの条件を満たしていることの確認のために、チェックシートならぬ「問診票」(図5-6)の利用を提案しています。私がチェックシートとしていない理由は2点あります。

- 数が多い場合、毎回、実施することは現実的ではないこと
- ヒアリングをしないと質問を正しく理解されないことがあること

実際に最初に社内で運用した際に、前者についてはデッドコピーした回答が増え意味がない状態になりました。また、後者については、たとえば、GPLのOSSについて「ソース開示しているか?」という問いに「Yes」と回答していても、ヒアリングしてみると「言われれば、ソース開示するつもりでした」と「ソース開示は条件である」ことを理解していないことがあったからです。このように、一度か二度、OSSライセンスの条件を正しく理解しているか確認するヒアリングのために使用するという意味で問診票と呼んでいます。

◉図5-6　問診票の例

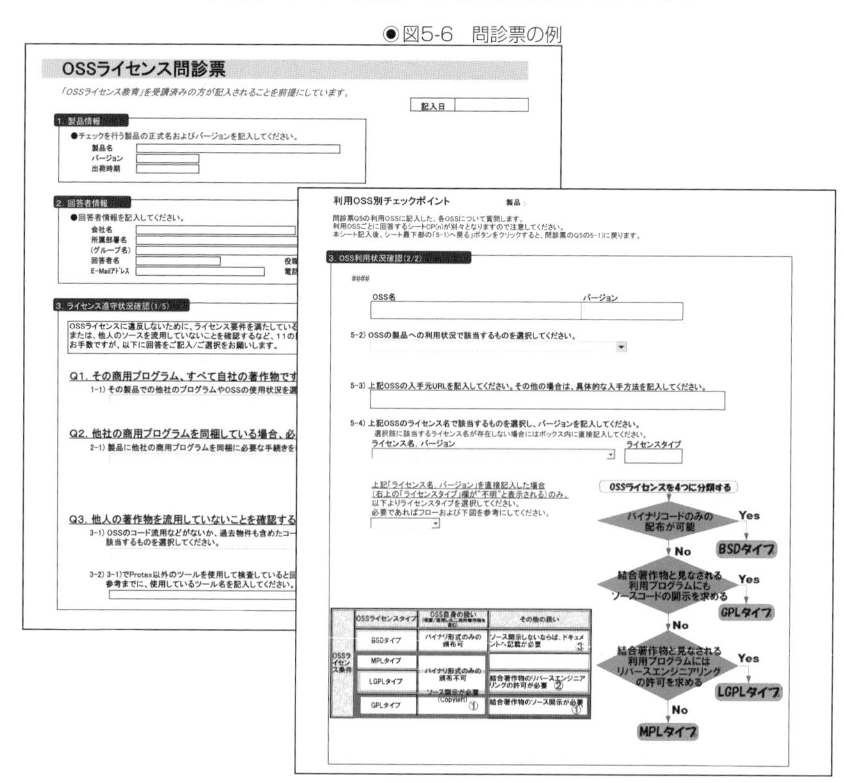

OSSライセンス問診票

「OSSライセンス教育」を受講済みの方が記入されることを前提にしています。

記入日

1. 製品情報

●チェックを行う製品の正式名およびバージョンを記入してください。

製品名
バージョン
出荷時期

2. 回答者情報

●回答者情報を記入してください。

会社名
所属部署名
(グループ名)
回答者名
E-Mailｱﾄﾞﾚｽ
役職
電話

3. ライセンス遵守状況確認(1/5)

OSSライセンスに違反しないために、ライセンス要件を満たしている
または、他人のソースを流用していないことを確認するなど、11の
お手数ですが、以下に回答をご記入/ご選択をお願いします。

Q1. その商用プログラム、すべて自社の著作物です
1-1) その製品での他社のプログラムやOSSの使用状況を選

Q2. 他社の商用プログラムを同梱している場合、必
2-1) 製品に他社の商用プログラムを同梱に必要な手続きを

Q3. 他人の著作物を流用していないことを確認する
3-1) OSSのコード流用などがないか、過去物件も含めたコー
該当するものを選択してください。

3-2) 3-1)でProtex以外のツールを使用して検査していると回
参考までに、使用しているツール名を記入してください。

利用OSS別チェックポイント　製品：

問診票Q5の利用OSSに記入した、各OSSについて質問します。
利用OSSごとに回答するシートCP(n)が別々となりますので注意してください。
本シート記入後、シート最下部の「5-1)へ戻る」ボタンをクリックすると、問診票のQ5の5-1)に戻ります。

3. OSS利用状況確認(2/2)

####

OSS名　バージョン

5-2) OSSの製品への利用状況で該当するものを選択してください。

5-3) 上記OSSの入手元URLを記入してください。その他の場合は、具体的な入手方法を記入してください。

5-4) 上記OSSのライセンス名で該当するものを選択し、バージョンを記入してください。
選択肢に該当するライセンス名が存在しない場合にはボックス内に直接記入してください。
ライセンス名、バージョン　ライセンスタイプ

上記「ライセンス名、バージョン」を直接記入した場合
(右上の「ライセンスタイプ」欄が"不明"と表示される)のみ、
以下よりライセンスタイプを選択してください。
必要であればフローおよび下図を参考にしてください。

	OSSライセンスタイプ	OSS自身の扱い	その他の扱い
OSSライセンス条件	BSDタイプ	バイナリ形式のみの頒布可	ソース開示しないならば、ドキュメントへ記載が必要 ③
	MPLタイプ	バイナリ形式のみの頒布不可 ソース開示が必要(Copyleft) ①	
	LGPLタイプ		結合著作物のリバースエンジニアリングの許可が必要 ②
	GPLタイプ		結合著作物のソース開示が必要 ①

OSSを利用していないモジュールであることを確認するために

「OSS検出ツールでOSSが0%の検出結果であることを確認する」ことができれば上々ですが、次のように検出されても利用していないといえるケースがあり、これを考慮する必要があります。

- 偶然の一致
- 著作権で保護されない部分の流用

偶然の一致についてですが、著作権侵害には、『類似性』と『依拠性』の両方が必要です。類似していただけでは著作権侵害となりません。侵害されたとされる著作物を見たり聞いたりして真似た事実（依拠性）がなければ著作権侵害となりません。そのため、ツールで類似ソースコードが検出されただけでは著作権侵害になりません。あまり発生しないケースですが、一応、作成者に独自に創作したものか確認しましょう。独自に作成したものであれば、まったく同じでも著作権侵害になりません。

また、類似性と依拠性の両方があったとしても、著作権で保護されない部分を流用したのであれば、著作権侵害となりません。著作権で保護されない部分、つまり、著作物に該当しないプログラムの例として次のようなものがあります[7]。

- 誰が創作しても同じものとなるプログラム
- 簡単な内容をごく短い表記法によって記述したもの
- ごくありふれたもの

このことからも、「GPLのOSSから1行でも流用したらGPLにしなければならない」という流言は、著作権を正しく理解していない表現なのです。

[7]:パテント2007 Vol. 60 No. 6 特集《平成18 年度著作権委員会》井上 正「プログラムの著作物性」

ライセンスの設計の必要性

単純な機能設計の例として、ある機能とある機能を組み合わせて、新たな機能を実現する場合があります。OSSを利用して、そのような機能設計をする際には、ライセンス設計も必要となります。つまり、機能の組合せを検討すると同じように、ライセンスの組合せも検討する必要があります。そうしないと、どのような不具合が発生するのか、開発例を想定して紹介しましょう。

GPLv2とApache License 2.0の関係

たとえば、Web性能の強化のために、Apache HTTPDのソースコードを流用して、Linuxカーネルモジュールを作成するというような開発を想定してみましょう。それぞれの主なライセンスは次の通りです。

- Apache HTTPD：Apache License 2.0(BSDタイプのライセンス)
- Linuxカーネル：GPLv2(GPLタイプのライセンス)

二条項BSDライセンスなどの条件は、GPLタイプのライセンスで条件が包含されます。しかし、Apache License 2.0には、それまでのBSDタイプのライセンスにはない、いわゆる「特許報復条項」と呼ばれる条件などが追加されています。そのため、Apache License 2.0の条件はGPLv2の条件で包含できず、図5-7のような関係にあります。

●図5-7　Apache License 2.0の条件とGPLv2の条件の互い包含されない関係

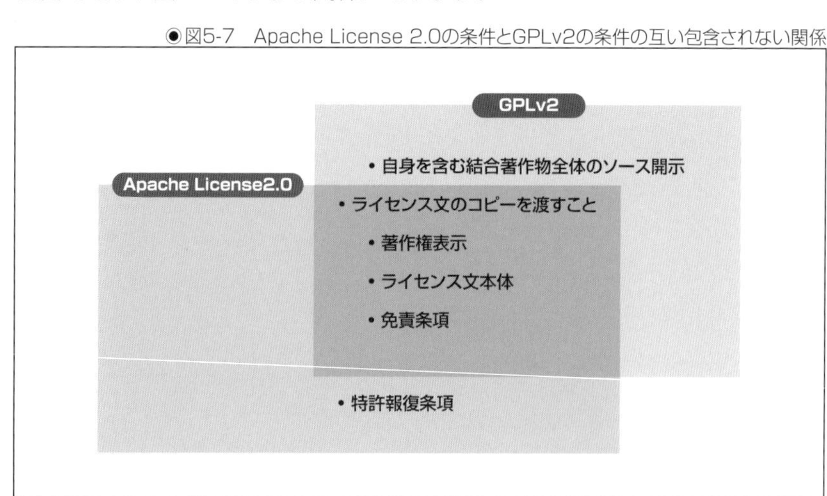

「特許報復条項」の内容はここでは触れませんが、重要なのは、GPLv2にはない条件がApache Licesne 2.0には存在し、条件が包含関係にないということです。

このようにApache HTTPD由来のカーネルWebモジュールを含むLinuxカーネルを開発した場合、「Linuxカーネル+Webモジュール」全体のライセンスは、何になるのかを考える必要があります。

2つのライセンスを含む全体のライセンス

「Linuxカーネル+Webモジュール」全体のライセンスは、「GPLv2+特許報復条項」とする案と「GPLv2」とする案が考えられます。それぞれについて、考えてみましょう。

◆「GPLv2+特許報復条項」とする案の問題

GPLv2には、Apache License 2.0にある「特許報復条項」が存在しません[8]。そのため、GPLv2に「特許報復条項」を加えた条件で再頒布するという案です。

この条件で「Linuxカーネル+Webモジュール」を再頒布した場合、WebモジュールのApache HTTDについては、Apache License 2.0の条件が含まれているので問題ありません。一方、Linuxカーネルについては、GPLv2の「2.b)その全体をこの許諾書の条件に従って」や「6.これ以上他のいかなる制限も課してはならない」という条件を満たしていないことになります。「特許報復条項」が加えられた分、GPLv2の条件からはみ出て、追加の条件を課していることになるからです。

したがって、この条件で再頒布するとGPLの条件を満たしておらず、Linuxカーネルの著作者の著作権を侵害することになります。

◆「GPLv2」とする案の問題点

多くの人が「GPLとリンクするとGPLになる」と誤解していることから、よく見かける方法で、全体をGPLv2の条件で再頒布する案です。

この条件で「Linuxカーネル+Webモジュール」を再頒布した場合、Linuxカーネルについては、もちろん問題ありません。

[8]:GPLv3には相当の条文が追加されています。

一方、WebモジュールのApache HTTDについては、Apache License 2.0の条件の1つである「特許報復条項」がない条件で再頒布することになります。つまり、条件を満たせていません。

したがって、この条件で再頒布するとApache Licenseの条件を満たしておらず、Apache HTTDの著作者の著作権を侵害することになります。

両立性の問題

このように、異なるOSSライセンスのOSSを結合し、再頒布しようとする際、それぞれのOSSライセンス条件をどう組み合わせても満たせないことがあります。どうしても矛盾します。これを、2つのOSSライセンスが両立しない(incompatible)といいます。

結局、「Linuxカーネル+Webモジュール」の組合せの開発をしたとしても、全体に設定できるライセンス条件が存在しません。どちらかの条件で複製・頒布する販売をしたとすると、たとえGPLの条件ですべてのソースコードを開示しても著作権侵害となります。ライセンス設計をせずに開発を進めると、販売できない製品を開発することになり、無駄な開発をしてしまうことになります。

このような事態を避けるために、機能設計とともに、それらのライセンスの組合せが可能なのか(両立するか)を検討するライセンスの設計をしましょう。

なお、GPLを語る人には、この問題(incompatible)を「互換性がない」という人が多いのですが、「compatible」を辞書で引くと、ちゃんと、もう1つの意味「両立性」があります。この異なるOSSライセンスのOSSの結合の問題の場合は、意味からして、ライセンス条件を差し替え可能かの問題ではありません。つまり、一般に広まっている「互換性がない」という表現は誤訳なのです。「そういう意味で使っているわけではない」という人がいるかもしれませんが、もう少し日本語を適切に使用しましょう。

たとえば、GPLv2と「両立性のある」FreeBSD Copyrightのライセンスを「互換性がある」と表現すると、「FreeBSD Copyrightのライセンスは、GPLv2に差し替えることができる」という意味になってしまいます。そのため、実際に、「FreeBSDもソースコードの開示が必須なのか」と誤解する人がいました。

両立性は、別々のものが存在していてもそれぞれ成立することであり、差し替え可能なことではありません。上記2つの案の問題点は、「2つのライセンスの条件をそれぞれ満たし、成立させることができるか」なので、両立性の問題なのです。

この両立性の問題が開発後に発覚しないように、設計段階でライセンス設計をしましょう。

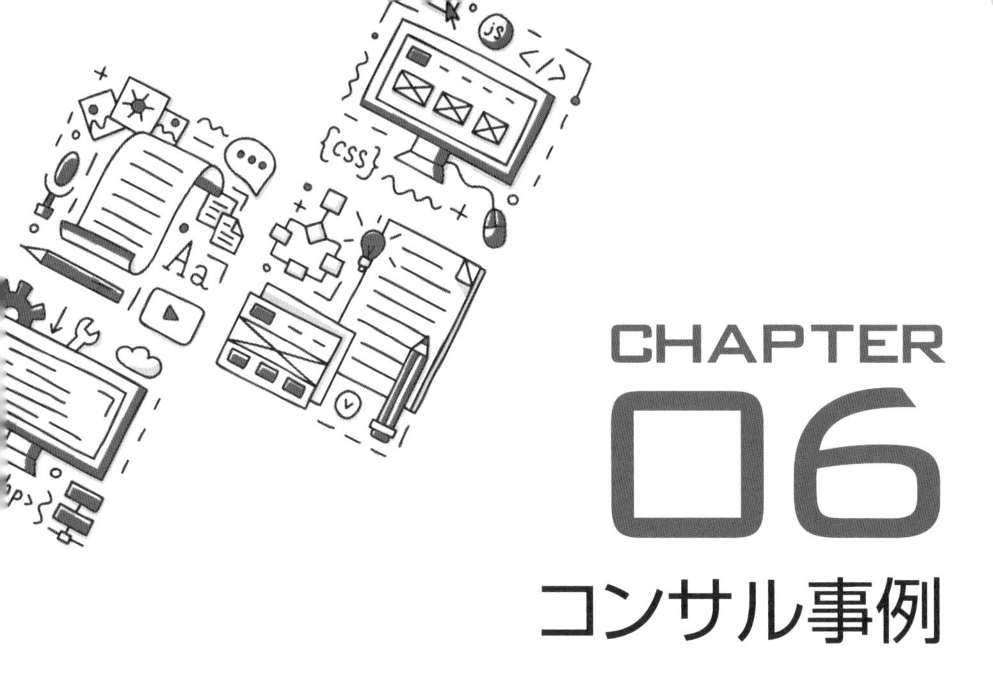

CHAPTER 06 コンサル事例

本章の概要

　トラブル回避のための基本的な対策をしていても、何かと困ったことが発生することがあります。
　本章では、筆者が社内外で対応したコンサルティングの事例を一部抜粋して紹介します。

SECTION-28
海外に開発生産を委託した製品の事例

A社は、海外のB社に製品の開発生産を委託しています。製品はハードウェア製品で店舗などに広く設置されます。製品は、Linuxベース、つまり、OSがLinuxであり、その上で動作する業務アプリケーションをA社の仕様に基づいてB社が開発しました（図6-1）。

●図6-1　開発生産を委託した製品を販売する事例

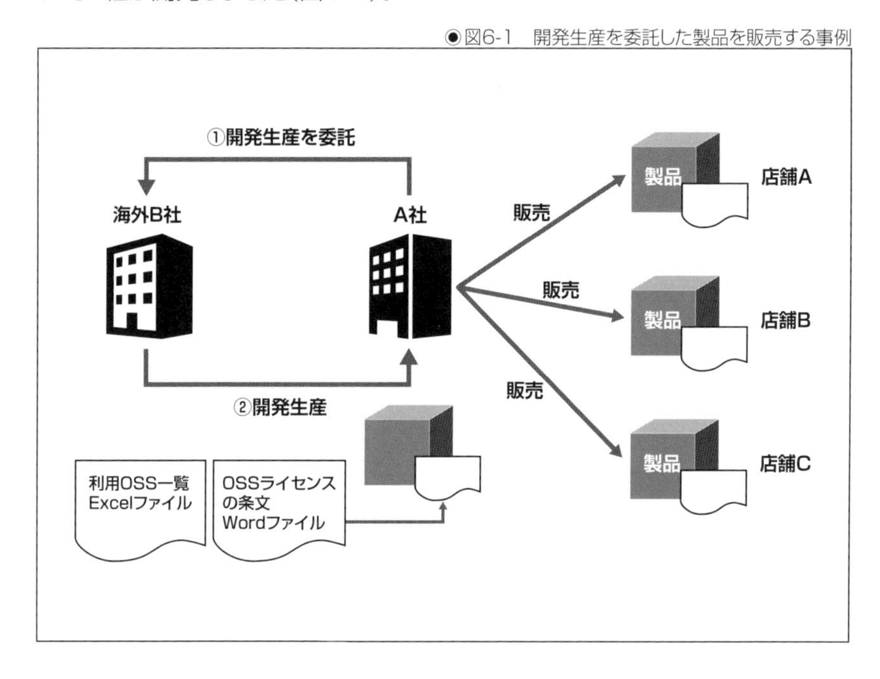

開発したB社からは、Linuxカーネル以外にもGPL、LGPL、BSDライセンスなど多くのOSSを利用している旨がExcelファイルの一覧の形で報告があり、そのライセンス条文をひとまとめにしたWordファイルも提出されました。B社からは、このWordファイルを製品に同梱すればよいとの話でした。

しかし、A社側で確認してみると、Excelファイルの一覧とWordのライセンス文とが対応しておらず、有識者に相談すべきとのことで、相談に至ったとのことでした。

予算の関係上、依頼内容は「販売を開始するにあたって、OSSに関する表示や対応を具体化するためのアドバイス」のみでした。

このコンサル依頼に対しては、有償講義(当時はセミナー)相当を基本としましたが、次のような注意事項をアドバイスしました。

- 開発したB社にすべて責任がある、では済まされません。なぜなら、A社とB社の間でそのような契約があったとしても、実際には、A社が複製・頒布するからです。
- OSSに限らず、他人の著作物を無断で再頒布することはできません。利用OSSの一覧表に漏れがないか、出荷物件に含まれるOSSを検出するため、OSS検出ツールに掛けた方がよいでしょう(OSS検出ツールとして、NECでも扱っているBlack Duck Protex(現Black Duck)などがあることを紹介しました)。
- 逆に、著作権法上の「使用」でしかないOSSが一覧表に無駄に含まれていないか、を確認した方がよいでしょう。著作権法の観点から「使用」と「利用」を区別しましょう。
- OSSへの対応は、OSSに関する表示、ライセンス文の掲載だけでは済みません。GPL、LGPLに関しては、対応するソースコードの開示が必要です(MPLタイプのOSSはありませんでした)。「改変すればソース公開が必要」というのは間違った認識で、改変していなくてもソース開示などの再頒布の条件を満たさなければ、再頒布にあたる販売はできません。

本件とは異なりますが、GPLやLGPLの英文のライセンス条文が記載されていた日本企業のデジタルTVのPDFの説明書でも、ソース開示の旨の記載が見当たらないケースがありました。かつてはライセンス文さえ掲載すればよいという認識があったのかもしれません。それを単に踏襲していては、著作権侵害を犯してしまうことに注意しましょう。

SECTION-29
技術供与のプログラム利用許諾契約の事例

C社は、D社と技術供与のプログラムの利用許諾契約を締結済みです。D社は、C社で開発したプログラムを自社ハードウェア製品に組み込み販売する予定です。製品は、Linux上で動作し、供与されたプログラムは、Linux上のアプリケーションとして動作します(図6-2)。

C社としては、現在の利用許諾契約にOSSの趣旨を汲んだ規定を追加したいとのことでしたが、次の2点の要望があるとのことで相談を受けました。

- 開発プログラムのソースコードの開示要求は断りたい
- 逆コンパイル(リバースエンジニアリング)されることを防ぎたい

◉図6-2　開発プログラムを技術供与する契約の事例

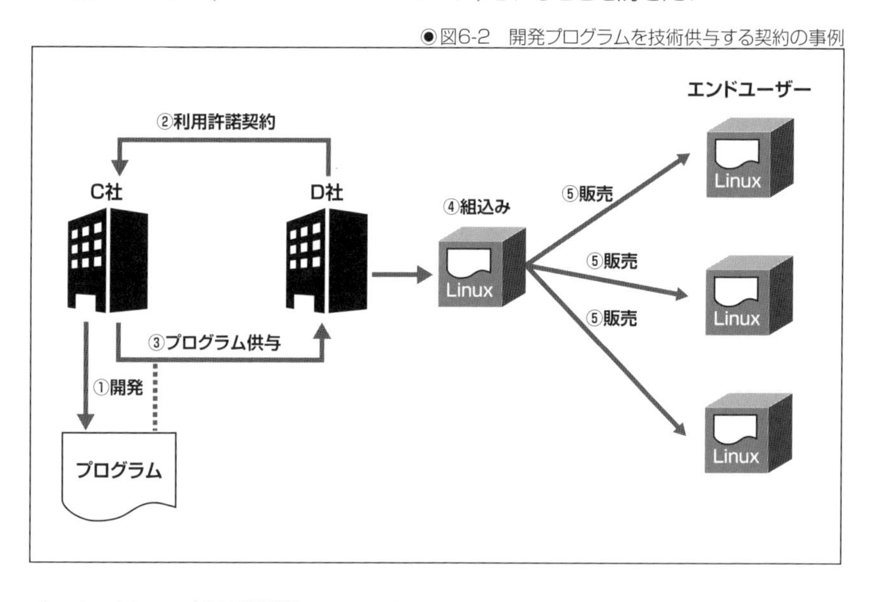

ソースコードの開示について

まず、「開発プログラムのソースコードの開示要求は断りたい」という要望については、開発プログラムにソース開示条件のあるOSSを含まず、かつ、GPLなどのライセンスのライブラリを利用していなければ、ソースコードの開示する条件は発生しません。

LGPLの条件1「リバースエンジニアリングの許可」について

一方、「逆コンパイル(リバースエンジニアリング)されることを防ぎたい」という要望は、Linux上で開発プログラムを動作させる場合、標準Cライブラリとして、通常はLGPLのglibcを利用します。LGPLは、第2章で紹介したように、glibcの改変・差し替えのための開発プログラムのリバースエンジニアリングの許可を求めています。そのため、LGPLのglibcを使う場合は、逆コンパイルを防ぐことはできません。なぜなら、LGPLv2.1の第6条で「あなたの条件は顧客自身の利用のための著作物の改変を許可し、またそのような改変をデバッグするためのリバースエンジニアリングを許可していなければならない」と条件が規定されているからです。

相談内容を詳細にヒアリングしてみると、実は、C社は、D社から利用許諾契約の見直しを要求されているという話でした。理由は、利用許諾契約に「エンドユーザーに逆コンパイルをさせてはならない」という条項があり、これではC社から提供されたプログラムを、D社はLinux製品に組み込んで販売することができないからです。なぜなら、逆コンパイルを禁止した上でD社が販売すれば、glibcの上記LGPLの条件を満たすことができず、著作権侵害となるからです(図6-3)。

◉図6-3 契約内容とOSSライセンスが矛盾する事例

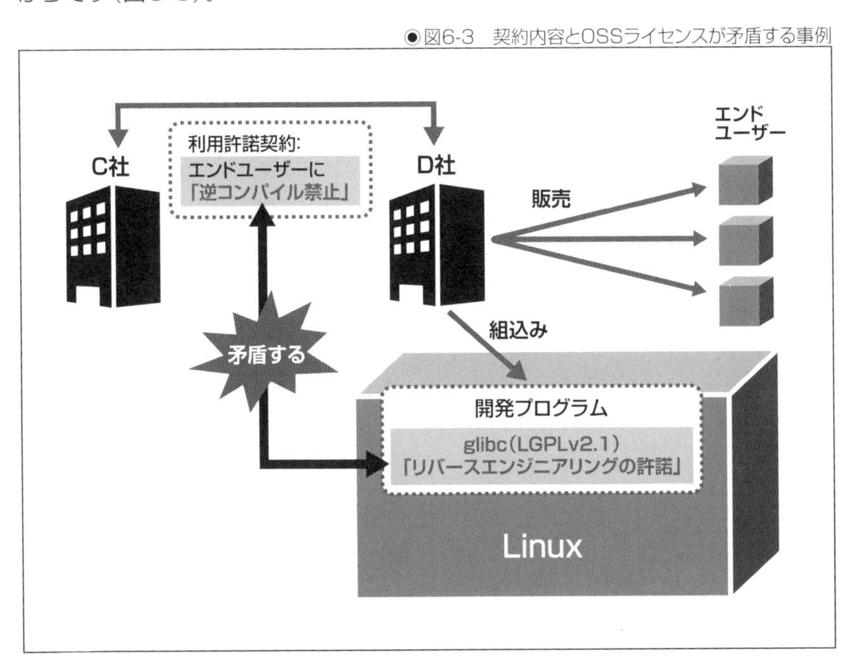

同様の矛盾は、D社がC社から特殊なデバイスを部品として購入し、そのLinuxデバイスドライバをC社がソース開示禁止の契約で提供してきた場合にも発生します。Linuxデバイスドライバのソース開示せずに頒布すれば、GPL違反の著作権侵害となります。このような事態は、ハードウェア部門単独でソース開示禁止のデバイスドライバのデバイスを採用してハードウェア設計してしまうことなどにより発生します。ハードウェア設計後に、ソフトウェア部門でこの矛盾を解決することはできないので厄介です。事後的に契約を変更して、デバイスドライバのソースコードを開示可能にすることはなかなか難しいことです。ハードウェアの設計段階から、「Linuxドライバのソース開示可能なデバイスドライバのデバイスを選定する」といった根本的な設計プロセスの改善が必要です。

図6-3のLGPLにかかわる矛盾は、比較的受け入れ可能な契約変更です。LGPLの条件の範囲でのみリバースエンジニアリングを許可するのです。エンドユーザー向けのプログラム使用許諾契約書に、その旨を適切に記載するのはまず不可能に近いものです。したがって、通常のリバースエンジニアリング禁止を謳うプログラム使用許諾契約書にLGPLなど既存の条項を優先する次のような例外条項を設ける方法を勧めました。

> 使用権
>
> 許諾ソフトウェアには本使用条件以外のライセンス契約に基づきお客様に使用許諾される部分が含まれることがあります。この場合、かかる部分に関してのご使用条件は、当該ライセンス契約の条件が本使用条件よりも優先します。

これにより、条件通りエンドユーザーにLGPLのコピーを添付して提示されていれば、LGPLの部分はLGPLが優先され、リバースエンジニアリングが許諾されます。一方、LGPLの目的外、たとえば競合他社製品の機能分析のためにリバースエンジニアリングすることは、プログラム使用許諾契約書で禁止可能なままです。

ハードウェア製品の場合、プログラム使用許諾契約書が存在しない場合があります。その場合、リバースエンジニアリング禁止をエンドユーザーに強制していないので、リバースエンジニアリングは許諾している状態であり、上記の例外条項を設ける必要もありません。

なお、リバースエンジニアリングの許諾のためだけに、プログラム使用許諾契約書を新たに作成する必要はありません。リバースエンジニアリングは、禁止する契約に合意しているから実施すると契約違反になるのであって、行為自体はなんら違法行為ではないからです。

LGPLの条件2「開発プログラムのオブジェクトコード」について

LGPLの主な条件を満たすためには「リバースエンジニアリングの許諾」のほかに、開発プログラムのソースコードまたはオブジェクトコードを提供しなければなりません。GPLと違い、ソースコードのほかにオブジェクトコードの選択肢があるところがLGPLの特徴で、GPLから譲歩したところです。glibcを動的リンクしている場合は、実行形式がオブジェクトコードなので、製品提供とともに提供済みとなり、条件を満たしています。静的リンクの場合は、別途、オブジェクトコードを製品に格納しておくなどして提供する必要があります。第2章で紹介したように、開発プログラムの「リバースエンジニアリングの許諾」も「オブジェクトの提供」も、添付提供するglibcのソースコードをエンドユーザー側で改変し作成したglibcのオブジェクトコードとリンクし、改変した実行形式を作成しデバッグ可能にするためです。それを可能な状態でプログラムを提供することが再頒布の条件と考えれば、プログラマーならば、自ずと理解できる条件でしょう。

SECTION-30

Eclipseプラグインで商用アプリを開発した事例

Eclipseは、一般にJavaの開発環境というイメージがありますが、Eclipseに詳しい人に聞くと違うそうです。Eclipseの本体はEclipse RCPだけで、主にユーザインタフェース(UI)を担ってくれます。その上で、開発したさまざまなJavaプログラムをプラグイン可能というプラットフォームとのことです。Javaの開発環境もCの開発環境もそのプラグインでできていて標準添付されています。同様に、独自のGUIアプリケーションを開発することも容易にしてくれます(図6-4)。

◉図6-4 Eclipseの概観

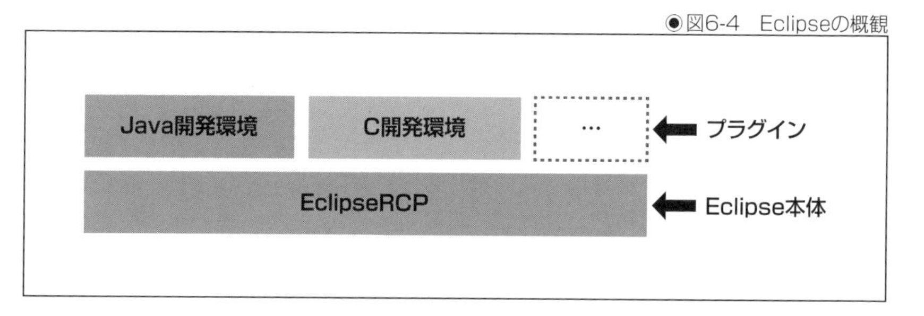

そのプラグインとして製品のアプリケーションを開発し、ハードウェア製品のGUIとする際の扱いについての相談を受けました。

◉図6-5 Eclipse RCPを使った製品イメージ

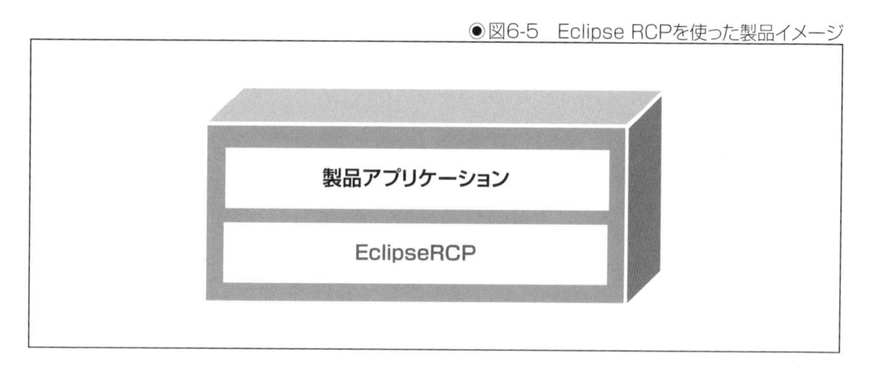

図6-5のようなハードウェア製品を考えた場合、OSSライセンス上、どういうことに注意すればよいでしょうか。

6 コンサル事例

まず、Eclipse RCP(以下、RCPと略す)は、Eclipse Foundationのプロジェクトの1つであり、ライセンスも当然、EPL 1.0(Eclipse Public License - v1.0)です。全文の参考日本語訳を参照することもできますが、「Eclipse Platform入門」というWebサイトにプラグイン開発者向けに次のような要約があります。

> Eclipse用のプラグインを作成する開発者、あるいはソフトウェア開発アプリケーションのベースとしてEclipseを使う開発者は、彼らが使用あるいは修正するすべてのEclipseコードをEPLの下でリリースすることが要求されますが、彼らが独自に追加したものは彼らが望む任意の方法で自由にライセンスすることができます。Eclipseのソフトウェアと同梱した独自コードはオープンソースとしてライセンスする必要はなく、ソースコードを公開する必要もありません。

この表現を見る限り、「製品アプリケーション」のソースコードを公開する必要はなさそうです。しかし、一抹の不安としては、「製品全体をEclipseの修正としてEPLでリリースすることが要求されないか」という点です。なぜなら、通常、Javaプログラムは、同一メモリ空間で動作するため、機械的に、同一メモリ空間のプログラムは同じライセンスと主張する著作者やコミュニティがいるかもしれないからです。Eclipse Foundationのスタンスはどうでしょうか。

これについては、下記のEPL FAQ[1]により、明らかになり、解消されます。

> **15. Can I take a Program licensed under the EPL, compile it without modification, and commercially license the result?**
> Yes. You may compile a Program licensed under the EPL without modification and commercially license the result in accordance with the terms of the EPL.
> **16. Do I need to include the source code for such Program with the object code distribution?**
> No. But you do need to include a statement that the source code is available from you and information on how to obtain it.

[1]:「Eclipse Public License 1.0 (EPL) Frequently Asked Questions」
(https://www.eclipse.org/legal/eplfaq.php)

21. If I write a module to add to a Program licensed under the EPL and distribute the object code of the module along with the rest of the Program, must I make the source code to my module available in accordance with the terms of the EPL?
No, as long as the module is not a derivative work of the Program.

まず、FAQの15により、EPLのRCPを含めた形で製品について、商用ライセンスで販売は可能で、EPLのRCPはEPLの条件を満たせばよいことが確認できます。

次に、FAQの16により、RCP自体については、ソースコードは製品に添付する必要はなく、入手可能であるという声明と入手方法の情報をドキュメントなどに記載して添付すればよいことが確認できます。

最後に、FAQの21により、製品アプリケーションについては、EPLのプログラムを流用したような二次的著作物でない限り、ソースコードを開示する必要はないことが確認できます。もし、Eclipse Foundationが同一メモリ空間をすべて二次的著作物と考えているとしたら、二次的著作物ではないプラグインなど存在しないことになるのでFAQとして不自然になります。ここは、筆者が「プラグイン同士は、独立してデバッグできるので別著作物」と認識していることと、同様の認識であると推測することができます。

このように、同じライセンスでもコミュニティごとにスタンスが異なる可能性を考慮して確認しましょう。なぜなら、繰り返しになりますが、ライセンスがあってOSSがあるのではなく、OSSを開発した著作者が著作権の行使の許諾条件としてライセンス条件を示しているからです。ライセンスだけを読んで決めつけるのではなく、コミュニティのWebサイトの情報があれば考慮し、上記のような情報をライセンス条文の理解の補強材料として示してアドバイスする「ガイドライン作成支援」を行いました。

SECTION-31

Linuxベースのチップを使った製品化の事例

2002年、通信機器業界で通信機器の標準OSとしてLinuxを使えるようにしようと、OSDL(現The Linux Foundation)が中心となり、CGL(Carrier Grade Linux)という仕様を策定しました。2012年、同様に、自動車業界でAGL(Automotive Grade Linux)という仕様が策定されました。ほかにも、特定の機器用途のチップのメーカーが、動作環境としてLinuxベースのプラットフォームを提供するケースが増えています。

そのようなLinuxベースのプラットフォームを利用したハードウェア製品の販売では、Linuxカーネルを1つと数えたとしても、ほかに少なくとも20～30のOSSを再頒布することがあります。

そのような多数のOSSを再頒布する際の各OSSライセンスの対応方法の相談のコンサル「製品個別・対策支援サービス」の事例です。

4つのライセンスタイプで概況を把握する

第2章で紹介したように、筆者は、OSSライセンスを4タイプに分類しています。その主な再頒布の条件は、次の3つの行為(細かくは①'をカウントして4つの行為)の要否です。

- ①OSS自身のソースコードの開示
  - +①'GPLのOSSと結合著作物を構成するプログラムのソースコードの開示
- ②LGPLのOSSと結合著作物を構成するプログラムのリバースエンジニアリングの許可
- ③バイナリ形式のみの頒布の場合、ドキュメントに必要な記載

これを再頒布の際に最低限必要な条件としてOSSライセンスを分類しました。わかりにくいところがありが、表形式にまとめて見ると、表6-1のようになります。

◉表6-1　最低限の再頒布条件でのタイプ分け

<table>
<tr><th>OSSライセンスタイプ</th><th>OSS自身の扱い
(改変/流用した二次的著作物を含む)</th><th>そのほかの扱い</th></tr>
<tr><td>BSDタイプ</td><td>バイナリ形式のみも頒布可</td><td>ソース開示しないならば、著作権表示・ライセンス文・免責条項などドキュメントへ記載が必要という条件(全タイプ共通)だけが残るタイプ(③)</td></tr>
<tr><td>MPLタイプ</td><td rowspan="3">バイナリ形式のみの頒布不可
ソース開示が必要(①)</td><td></td></tr>
<tr><td>LGPLタイプ</td><td>結合著作物を構成するプログラムのリバースエンジニアリングの許可が必要(②)</td></tr>
<tr><td>GPLタイプ</td><td>結合著作物を構成するプログラムもソース開示が必要(①')</td></tr>
</table>

幸いこの事例では、結合著作物がないケースでした。つまり、GPLやLGPLのライブラリを利用して開発したアプリケーションはないケースです。

そうすると、第2章でも紹介した次の2つの行為の対応を主に考えればよいことになります。

- すべてのライセンスで、著作権表示、ライセンス条文本体、免責条項を見えるように(コピー)すること。
- BSDタイプ以外のMPL、LGPL、GPLタイプのライセンスで、バイナリのソースコードを(または、その申し出を)添付すること。

限られた時間内での対応策3案

対応策ですが、この事例では2～3週間以内での対応を求められていました。あまり、じっくり検討している時間はありません。

これらの対処の仕方として、筆者は3つの選択肢を考えました。

- 選択肢1. すべてのタイプのOSSに対して、ソースコードを製品に同梱する
- 選択肢2. BSDタイプ以外のMPL、LGPL、GPLタイプのOSSに対してのみ、ソースコードを製品に同梱する
- 選択肢3. BSDタイプ以外のMPL、LGPL、GPLタイプのOSSに対してのみ、ソースコードをWebなどで提供する旨を記載した3年間は有効な書面になった申し出を製品に同梱する

選択肢3の「3年間」はGPLv2に合わせました。

また、LGPLv2.1では文言上、ソースコードは「バイナリに添付」の選択肢しかありません。

しかし、LGPLv3ではGPLv3と同様に申し出での対応も可能になっています。しかも、実際には、LGPLv2.1でもGPLv2と同様に、申し出での対応をしても問題視されたという話は聞いたことがありません。そのため、ここでは、申し出での対応も可として扱います。

各選択肢のメリット/デメリットを表にまとめると表6-2のようになります。

◉表6-2 対応案の選択肢の比較

選択肢	ソースコード量	製品の容量圧迫	申し出の添付	Webの用意
選択肢1	×(多い)	×(圧迫)	○(不要)	○(不要)
選択肢2	○(必須のみ)	△	○(不要)	○(不要)
選択肢3	○(必須のみ)	○(圧迫しない)	×(必要)	×(必要)

選択肢	ライセンス条文などの抽出	ライセンス文などの掲載	コミュニティの心証
選択肢1	○(不要)	○(不要)	◎
選択肢2	△(BSDのみ必要)	△(BSDのみ必要)	○
選択肢3	×(すべて必要)	×(すべて必要)	△

この選択肢比較での検討ポイントは次のような項目です。

- ソースコード量は、製品のディスク(メモリ)容量に納まるか
- ソース公開可能なWebサイトを準備できるか
- 著作権表示、ライセンス条文などの抽出が可能か

製品のディスク(メモリ)容量に問題なければ、「選択肢1. すべてのタイプのOSSに対して、ソースコードを製品に同梱する」ことが最も手間が掛かりません。しかし、それを避けようとすると、ライセンス文の抽出など手間の掛かる作業をしなければ、ライセンス違反つまり著作権侵害となってしまいます。その理由を下記に説明します。

ライセンス文の抽出が必要な理由

ライセンス文の抽出はなかなか面倒な作業です[2]。第2章で紹介したように、GPLにおいて後でソースコードを開示する場合でも、バイナリコードの頒布の際に「著作権、ライセンス条文本体、免責条項を見えるように(コピー)すること」という条件を満たす必要があります。このBSDライセンスの最小条件を満たさなければ、GPLタイプのOSSの開発でBSDのOSSを利用したうえで再頒布できないからです。

[2]:しかし、たとえば、dpkg(debパッケージ)のLinuxディストリビューションは、「Debian ポリシーマニュアル 4.5 著作権表記: debian/copyright」に従い、「/usr/share/doc/package/copyright」に著作権表示やライセンス条文などがまとめられており、ほかになければ、改めて抽出する必要はありません。

つまり、GPLのOSSは、BSDライセンスの最小の条件[3]を包含することにより、BSDライセンスを満たしつつ、全体をGPLの条件で頒布することができます(図6-6)。

◉図6-6　GPLにBSDライセンスの条件が包含されて利用されるケース

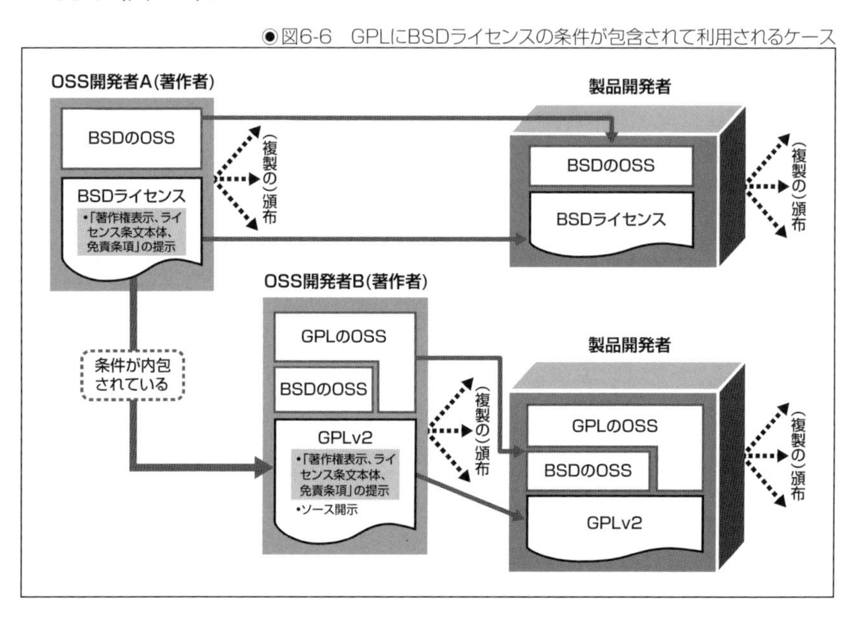

しかし、ライセンス条件を包含できても、著作権表示やライセンス条文自身は、OSSの作成者によって異なるため包含できません。

たとえば、FreeBSDの場合、二条項BSDライセンスのThe FreeBSD Copyright(図6-7)だけを付ければよいと思っている人が多いですが、実は、適切ではありません。

[3]:GPLv2は二条項BSDライセンスを包含しますが、acknowledge表示を要求する四条項BSDライセンスは包含しません。ただし、UCBのOSSは、「ftp://ftp.cs.berkeley.edu/pub/4bsd/README.Impt.License.Change」の宣言が出ているので実質acknowledge表示を気にしないで済むようになっています。

●図6-7　The FreeBSD Copyright(https://www.freebsd.org/copyright/freebsd-license.html)

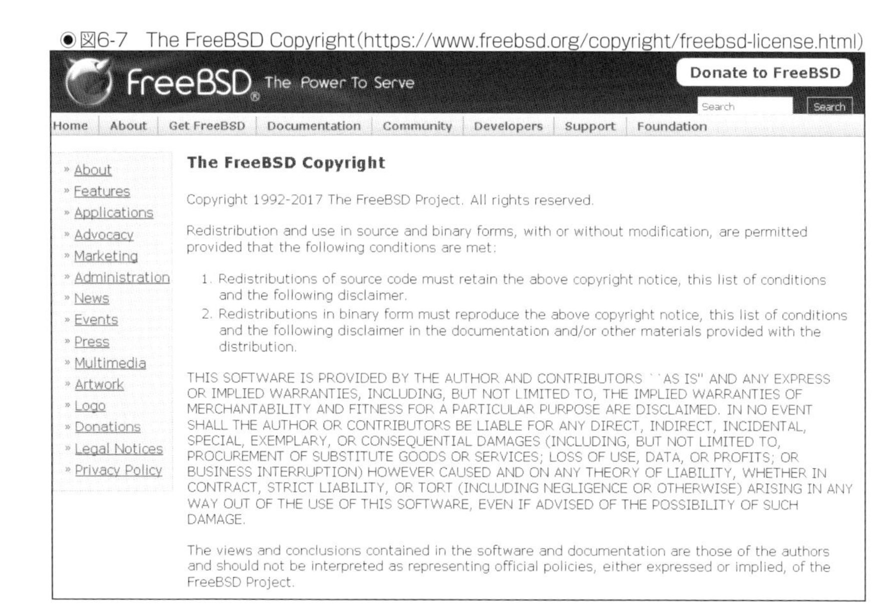

The FreeBSD Copyright

Copyright 1992-2017 The FreeBSD Project. All rights reserved.

Redistribution and use in source and binary forms, with or without modification, are permitted provided that the following conditions are met:

1. Redistributions of source code must retain the above copyright notice, this list of conditions and the following disclaimer.
2. Redistributions in binary form must reproduce the above copyright notice, this list of conditions and the following disclaimer in the documentation and/or other materials provided with the distribution.

THIS SOFTWARE IS PROVIDED BY THE AUTHOR AND CONTRIBUTORS ``AS IS'' AND ANY EXPRESS OR IMPLIED WARRANTIES, INCLUDING, BUT NOT LIMITED TO, THE IMPLIED WARRANTIES OF MERCHANTABILITY AND FITNESS FOR A PARTICULAR PURPOSE ARE DISCLAIMED. IN NO EVENT SHALL THE AUTHOR OR CONTRIBUTORS BE LIABLE FOR ANY DIRECT, INDIRECT, INCIDENTAL, SPECIAL, EXEMPLARY, OR CONSEQUENTIAL DAMAGES (INCLUDING, BUT NOT LIMITED TO, PROCUREMENT OF SUBSTITUTE GOODS OR SERVICES; LOSS OF USE, DATA, OR PROFITS; OR BUSINESS INTERRUPTION) HOWEVER CAUSED AND ON ANY THEORY OF LIABILITY, WHETHER IN CONTRACT, STRICT LIABILITY, OR TORT (INCLUDING NEGLIGENCE OR OTHERWISE) ARISING IN ANY WAY OUT OF THE USE OF THIS SOFTWARE, EVEN IF ADVISED OF THE POSSIBILITY OF SUCH DAMAGE.

The views and conclusions contained in the software and documentation are those of the authors and should not be interpreted as representing official policies, either expressed or implied, of the FreeBSD Project.

FreeBSDのソースコードのtarボールを展開してルートディレクトリに出てくるCOPYRIGHTファイル[4]を抽出し、こちらを付ける必要があります。

なぜなら、実際にこのファイルを開いてみると分かりますが中身は同じではありません。

●図6-8　FreeBSD_10_1/src/COPYRIGHTファイルの概要

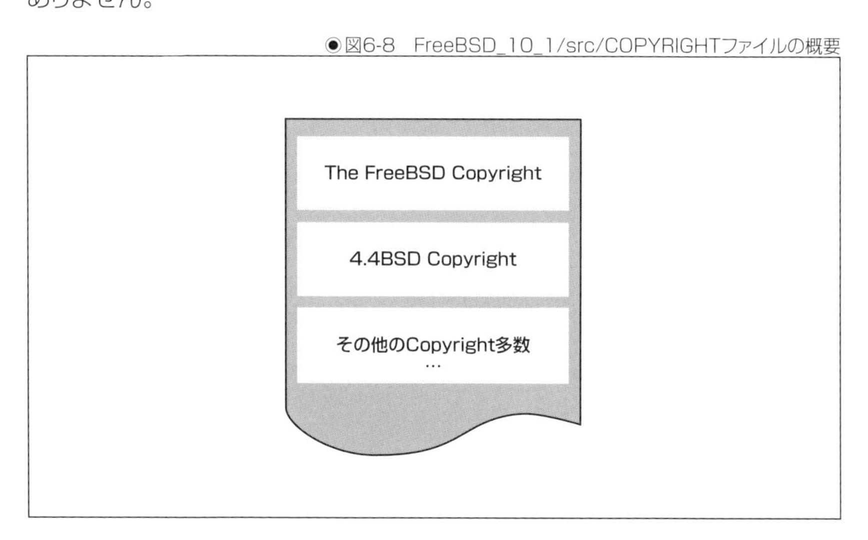

[4]:ほかのOSSの場合、LICENSEというファイルのこともあり、固定されているわけではありません。

先頭には確かに、「The FreeBSD Copyright」の記載がありますが、その下を見ると、続いて、「4条項BSDライセンス」の「4.4 BSD Copyright」やそのほか多数のCopyrightが並びます(図6-8)。GPLやEPLの場合と同様に、FreeBSDが生まれたときにはすでに4.4BSDをはじめ多くのOSS[5]が存在していました。それらを収集・流用してFreeBSDのディストリビューションが出来上がっています。たとえば、telnetコマンドなどです。それらのOSSは、当然、The FreeBSD Copyright以外のライセンス条件で公開されて再頒布が許諾されているOSSです。それらの著作権を無視して、FreeBSDプロジェクトが、The FreeBSD Copyrightで再頒布を許諾できる権利など存在しません。したがって、FreeBSDを再頒布する際には、これら流用したOSSのライセンスも並べて掲載しているCOPYRIGHTファイルを付けて再頒布する必要があるのです(図6-9)。

◉図6-9　原著作者のライセンス条文はそのまま残さなければならない

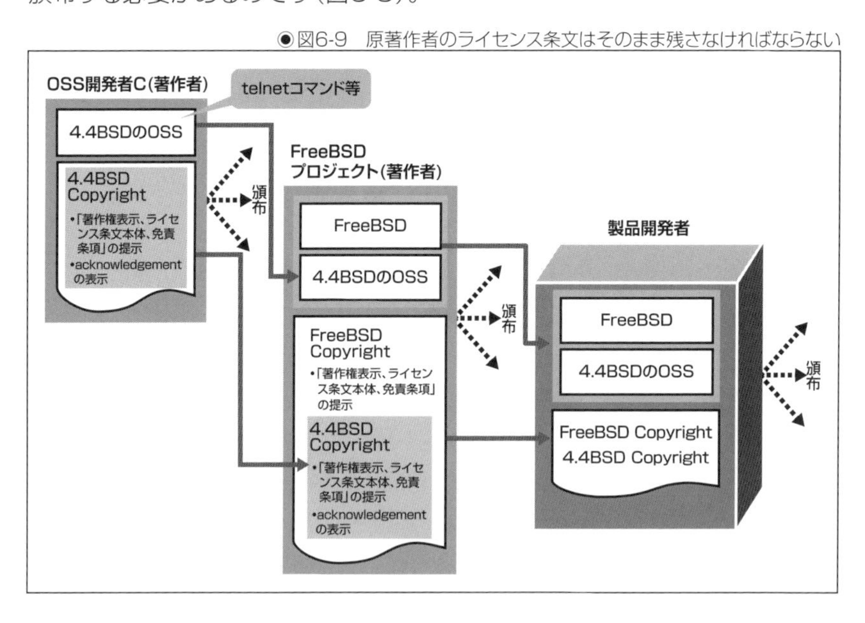

このようにOSSプロジェクトが流用しているOSSの情報は、ソースコードのtarボールからREADME, COPYRIGHTやLICENSEファイルなどを抽出してみないとわからないことが多いでしょう。したがって、OSSをバイナリ形式で入手した場合でも、再頒布する際には、ソースコードのtarボールをダウンロードして、これらのファイルを抽出して確認の上、再頒布の条件を満たしましょう。

[5]:当時はフリーソフトウェアと呼んでいたことでしょう。

ソースコードやライセンス文の提示方法

ソースコードの同梱、申し出の同梱、ライセンス文などの掲載は、次の方法などがあります。なお、ソースコードの紙媒体での掲載のみは不可です。

- 方法1. 製品中のメモリ(ディスク)に格納する
- 方法2. 製品添付の媒体(CD、DVD、その他)に格納する

方法1は、製品の中を覗かなければ見えないため一般的に認知されていませんが、ライセンス文上は問題がないという筆者の認識です。これについて少々説明したいと思います。

第2章で述べたように、LGPLは「glibcをGPLで提供したならば、利用者を獲得できないと考え」「GPLから一歩譲歩して」作られたライセンスです。そのため、GPLとLGPLは同じ目的を果たそうとしているとみなすことができます。つまり、LGPLの条件はGPLの条件から譲歩していても、目的をピンポイントで果たすための条件が残っているのです。そのため、LGPLでの対応がGPLでの対応の参考になります。

LGPLの条件の説明は、第2章の繰り返しになるので説明を簡潔に変えてみます。glibcのLGPLv2.1を例に見てみると、「ユーザが『ライブラリ』を改変した後に再リンクして、改変された『ライブラリ』を含む改変された実行形式を作成できるようにする」とあります。

●図6-10　改変された実行形式

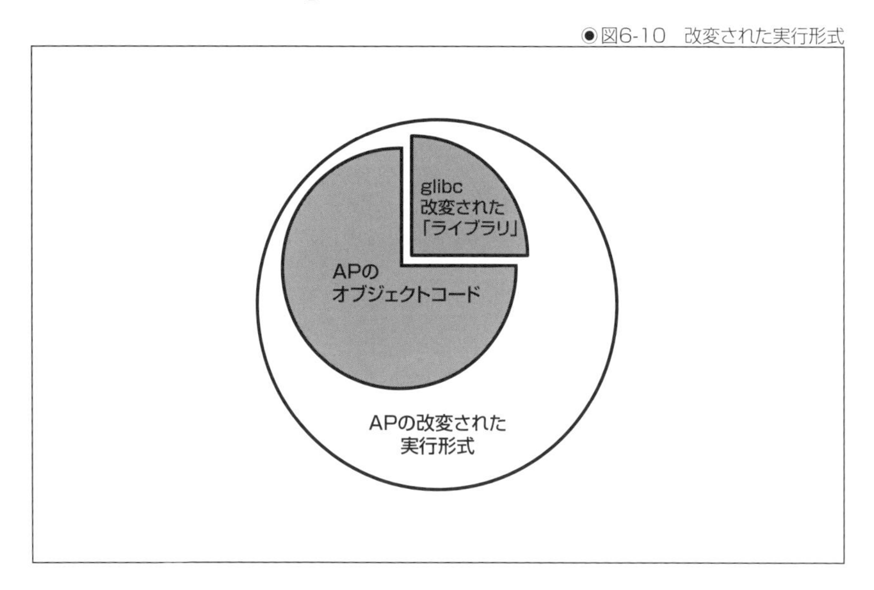

受領したユーザーが、この改変された実行形式を作る方法をLGPLv2.1では主に次の3つ記載されています[6]。

◉表6-3　改変された実行形式の作成方法

ライブラリのリンク方式	AP			リンク
	提供形態	存在箇所	コンパイル	
動的リンク(共有メモリ機構)	オブジェクトコード	装置内	不要	不要
静的リンク	オブジェクトコード	ー	不要	要
静的リンク	ソースコード	ー	要	要

GPLの場合、APはソースコードでの提供形態のみ許されます。LGPLはオブジェクトコードでの提供形態が許されるところが、GPLから一歩譲歩している部分です。

上記の3つのケースを順に見ていくと、次のように考えることができます。

- 動的リンクのAPのオブジェクトコードは、装置内に存在する
- 静的リンクのAPのオブジェクトコードは、同様に、装置内に存在してもおかしくない
- 静的リンクのAPのソースコードも、同様に、装置内に存在してもおかしくない

LGPLと同じ目的で、改変された実行形式を作成するために、APのソースコードの開示が条件であるGPLの場合でも、ソースコードが装置内に存在する方式は自然な形態といえます[7]。

そもそも、GPL/LGPLともに、ソースコードやオブジェクトコードを製品本体と別に付属品の形で提供しなければならない条件など、どこにも記載されていません。

最も迅速に対応できる選択肢

以上のことから、「選択肢1. すべてのソースコードを製品に同梱する」かつ「方法1. 製品中のメモリ(ディスク)に格納する」が最も手早い対応となります(図6-11)。

つまり、「選択肢1. すべてのソースコードを製品に同梱する」により、ソースコードにライセンス文などの3点セットが含まれるため、抽出する作業が不要となります。

[6]:もちろん、APのソースコードから動的リンクの実行形式を作成することもあり得ますが、ここでは、説明の簡略化のため、省いています。

[7]:「装置内にあっては見えないではないか」と反論する人がいますが、動的リンクのAPオブジェクトは装置内にあって見えませんが何か問題があるのでしょうか。そもそも、装置内にある実行形式を改変しようとする人が、装置内にあるものが見えないと不平を言うのはおかしくはないでしょうか。OSSライセンスは、そのような反論者を満足させるためにあるのではありません。プログラマーに必要な条件が記載されているのです。

「方法1. 製品中のメモリ(ディスク)に格納する」により、次のメリットがあります。

- 添付部材としてのDVDなどの媒体を増やさずに済む
- 添付媒体のように、バイナリと分かれて散逸する心配がない
- 第4章で指摘したアップデートのWeb提供も、ソース形式で提供することも可能となり、その場合、アップデートのソース開示を忘れて指摘される心配もない

◉図6-11　GPLのソースコードをHW装置内で提供

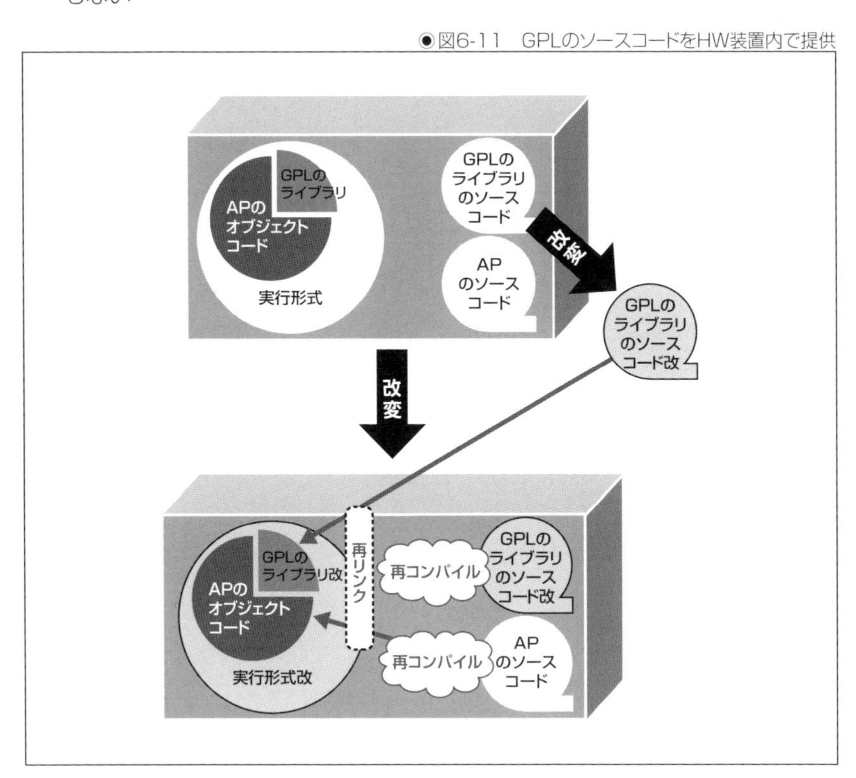

これは、Linuxやオープンソースが流行る前の時代、UNIX上のフリーソフトウェアで実現されていたインターネット装置でのやり方を思い起こさせます。装置内にソースツリーも展開して、アップデートは、diffコマンドで抽出したテキスト形式の情報が流布されていました。各装置では、ソースツリーにpatchコマンドで反映して、ビルドして更新していました。そのやり方が、オープンソースでも最も手間がかからない素直な対応ができます。製品のディスク容量が許すならば、この方法を推奨するとアドバイスしました。

SECTION-32

OSSライセンス・コンプライアンスの推進の事例

筆者は「OSSライセンス コンサルティング」のサービスとして現在、次の5つを提供しています[8]。

- OSSライセンスと著作権法 講義
- OSS利用ガイドライン作成支援
- 開発管理プロセス改善支援
- 活動支援サービス
- 製品個別・対策支援サービス

ほかに、これら有償サービスを受講前に動機付けや予算確保の支援のために、無料でのセミナーも実施しています。また、OSSコード検出ツールBlack Duckを扱うメンバーとも連携しています。

一般のコンプライアンスと同様に、外部の人間がコンプライアンス推進を支援できる範囲はごく限られています。これらのサービスの中でコンプライアンス活動に合うサービスを利用できても、やはり、社内の人が主体的に社内の事情に合わせて推進しなければ進まないものです。下記では、講義(セミナー)のみで関わった事例と、開発管理プロセス改善まで関わった事例の2つのパターンを紹介します。

セミナーのみで関わった事例

E社では、製品部門用のガイドラインを作成しています。見てみると、第3章で紹介したような誤解を招く表現が多用されており、「OSSライセンスと著作権法セミナー」を受講してもらいました。その際のテキストを用いて、社内受講者で勉強会を実施し、理解を深めていましたが、自助努力にも限界があったようです。半年後、再度「OSSライセンスと著作権法セミナー」を2回実施する要望があり、実施しました。

このケースでもそうですが、著作権について調べたことがなさそうな技術者には、「OSSライセンスと著作権法セミナー」は3回聞いてもらえると、理解したと思っていただけるようです。つまり、1回目では「著作権法の言葉に面食らい」、2回目で「なんとなく理解」し、3回目で「理解した」となるようです。

[8]:コンサルティング・メニュー(https://jpn.nec.com/oss/osslc/menu.html)

一方、ほかの会社の方で、一度聞いただけ理解してもらえたことがありました。その方は趣味で音楽をやっていて著作権について調べたことがあったそうです。それだけ、著作権について調べたことがある人とない人とで理解度の差が大きいようです。

◉図6-12　セミナーのみ実施の最小パターン

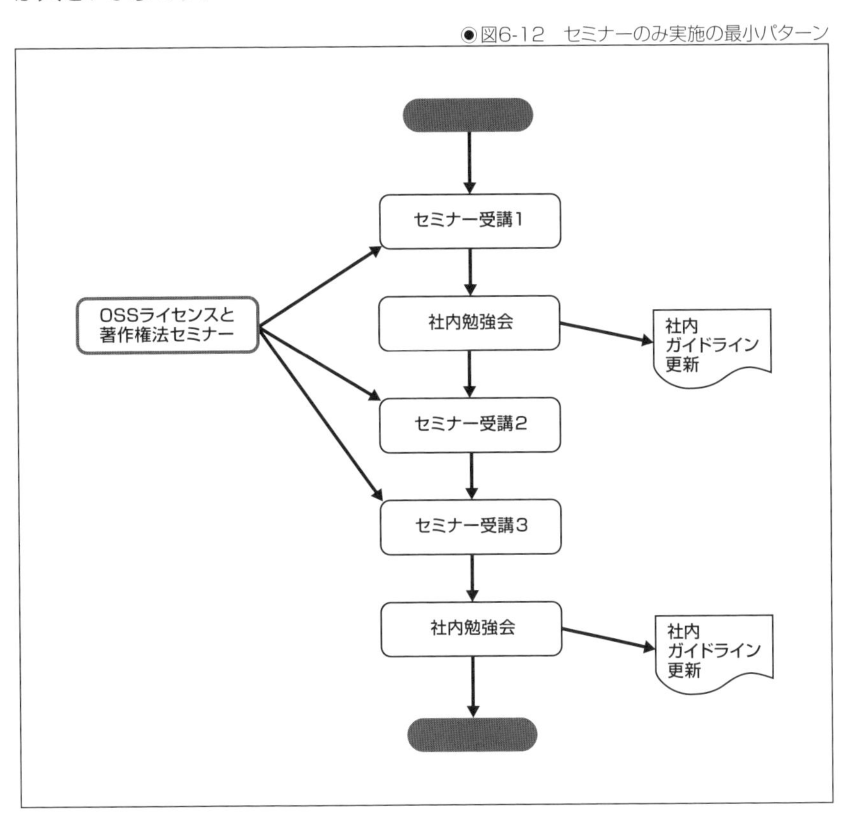

開発管理プロセス改善まで関わった事例

出荷物件を確認していて、外部から納品された部分にOSSが利用されていたことが発覚して、慌てるケースは珍しくありません。特にハードウェアメーカーは、急速に増加したソフトウェア開発量をこなすため、外部に発注する量が増えます。そうすると、技術力はあっても、著作権を気にせずにOSSを使って納品してくる業者は少なくありません。

そうしたOSSライセンス違反などのリスクを認識し、リスク低減の仕組み作りに取り組むF社の活動を支援する相談を受けました。

F社では、ソフトウェア開発量の増大に伴い、ソフトウェアの開発方法自体を革新し、戦略的に取り組もうとしていました。OSSライセンスのコンプライアンスに関わる活動も、その一環です。組込み製品でのソフトウェア開発量の増大に伴い、OSSの活用に取り組むハードウェアメーカーは多いですが、ソフトウェア革新に組織的に取り組むハードウェアメーカーはまだ少ないようです。

OSSライセンスのコンプライアンスは啓発活動なので、段階的に進めることが望ましいでしょう。F社でも試験運用、国内運用、海外展開の3段階で活動を進めました。

●図6-13　段階的の啓発活動

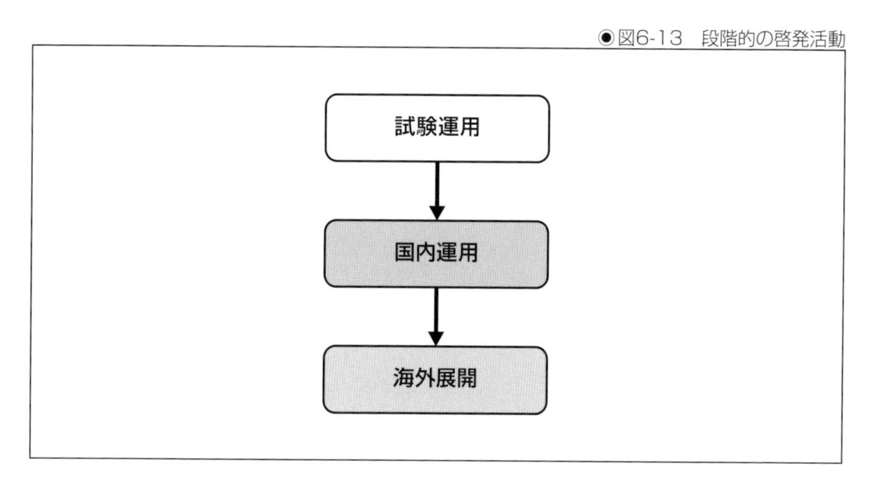

◆試験運用

試験運用部門としてソフトウェア開発の専任部隊を選出し、推進者と開発部門の主だった数名で「OSSライセンスと著作権法セミナー」を受講し、OSSライセンスに関する認識の共通化を図りました。並行して、OSS検出ツールとしてBlack Duck Protex(現Black Duck)を導入し、試用を始めました。

次に、開発部門での試験運用を展開するにあたり、開発部門メンバーに広くOSSライセンスの正しい認識を持ってもらうために、2回に分けて「OSSライセンスと著作権法セミナー」を実施しました。

並行して、Protexの試用で検出されたOSSの情報から、OSS利用ガイドラインを作成しました。このガイドラインには、どの製品で、どのようなOSSが使われているか、そのライセンスは何で、その製品の頒布(販売)形態では、どのようなことに気をつけなければならないのかを整理し解説したものです。

◆国内運用

試験運用部門で運用がまわりはじめると国内運用へと展開しました。その際、F社は、体制・開発プロセス・ツールの整備を行いました。

体制は、推進者が事務局となって全社委員会を立ち上げました。委員長は品質保証部門の部門長です。OSSのソース開示の欲求が改善からくることを考えると、プログラムの品質とソース開示は両輪であると筆者は考えます。プログラムの品質がよければ改善したいという欲求は発生せず、ソースを修正する必要性を感じないからです。第2章で紹介したストールマン氏のプリンタのエピソードからもわかるように、機能レベルも含めた品質が低いと改善のためにソースコードが必要になるのです。そのため、品質保証部門の部門長がOSSライセンスの全社委員会の委員長というのは、当を得ています。

全社委員会には各部門から推進委員を選出し、法務・知財部門のサポートのもと、各製品の特性に合った管理を推進・運用します。この「各製品の特性に合った管理」をすることは重要です。製品によって、頒布・販売の仕方が違えば、OSSの利用度、OSSライセンス違反のリスクも違ってきます。一律の機械的な管理にしないところが重要です。

開発プロセスの改善として、各製品部門の推進者が自律的に管理運用できるように、OSSライセンスのコンプライアンスの管理プロセスを全社標準に含めました。先に作成したOSS利用ガイドラインは製品の出荷形態に依存して変わるものなので標準には馴染まず全社標準の参考資料となりました。

また、全社委員会をサポートする法務・知財メンバーとも、OSSライセンスに関する共通認識を合わせるために、4回目のセミナーを実施しました。特に、法務・知財部門では、どの会社でも「(特許に限らず)ライセンスは契約である」との偏った認識が根強いため、OSSライセンスを正しく理解するために必要な教育でした。

◉図6-14 国内運用

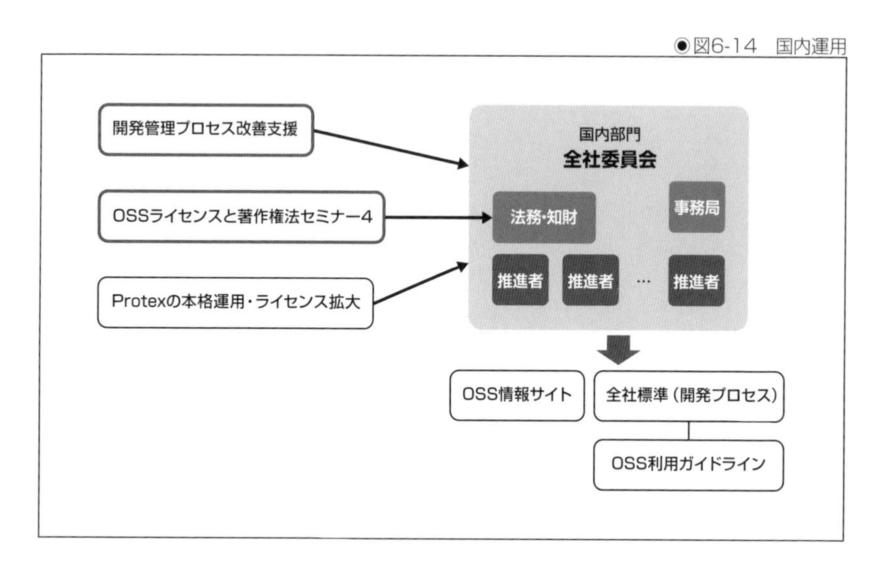

対象部門が広がるため、OSS検出ツールの利用部門の拡大のためのライセンスの拡大、また、情報共有のためのOSS情報サイトが立ち上げられました。

◆ 海外展開

海外展開への移行に関しては、すでにOSSライセンスに対する理解が進み、コンサルティングすることはありませんでした。F社自身で広く展開するために、自社の状況に合わせて、それまでに理解した内容をかみくだいた教育体系を整備し、参考情報を整備する作業を進めたようです。

教育資料としては、次のようなものを整備したようです。

- 経営者向け
- OSS検出ツール利用者向け
- ソフトウェア開発者向け
- 法務担当者向け
- ユーザー対応者向け
- パートナー企業向け
- OSS基礎のeラーニング

OSS情報サイトを含め、これらの情報の英語版を作成され、海外現地法人への展開が進められたようです。

ここまでくれば、安心して自社運用できるかと思います。

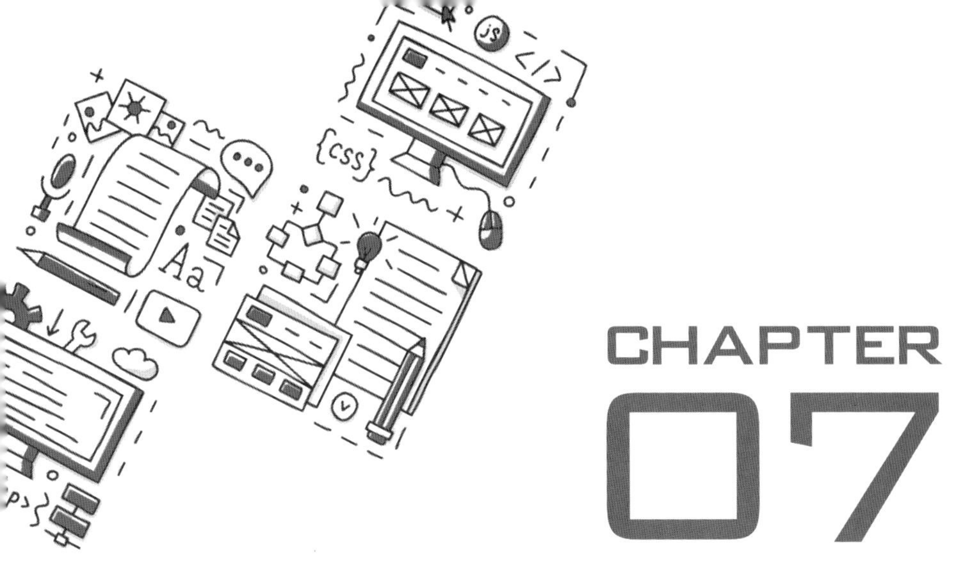

CHAPTER 07

著作権法とNEC創立の関係

本章の概要

ここで、OSSに直接関係しませんが、OSSライセンスの基となっている著作権法とNEC創立との関係という意外なエピソードを紹介しましょう。

NEC創立者・岩垂邦彦

NEC、日本電気株式会社の創立は、明治32年の1899年7月17日のことです[1]。

岩垂邦彦(いわだれくにひこ)は、1857年福岡県に生まれ、工部大学校電信科(現・東大工学部の前身の一つ)を卒業。工部省に勤めた後、渡米し、エジソン・マシン・ワークス(現・GE社の前身の一つ)に入社。エジソンと共に働いた、数少ない日本人として知られています。
帰国後、大阪電燈(現・関西電力の前身の一つ)初代技師長を経て、1899年、42歳でウェスタン・エレクトリック社との合弁会社「日本電気株式会社」を創業。日本初の外資系企業の代表者として、事業発展を牽引しました。

NECの歩み NECの歴史上のスゴイ人 岩垂邦彦氏　より

◉図7-1　岩垂邦彦

[1]:「NECの歩み」(https://jpn.nec.com/profile/corp/history.html)

ベルヌ条約

日本がベルヌ条約に加入し履行したのも1899年です。3月4日に旧著作権法を制定し、4月18日に加入し、7月15日に履行しました。ベルヌはスイス連邦の首都ベルンのことです。フランス文学「レ・ミゼラブル」の作者ヴィクトル・ユーゴーが発案した条約のためか、フランス語読みの「ベルヌ」で知られています。ベルヌ条約の特徴は、表7-1の内容[2]などがあります。

◉表7-1　ベルヌ条約の特徴

特徴	説明
内国民待遇	外国人の著作物を保護する場合に、自国の国民に与えている保護と同様の保護を与えること
無方式主義	著作権は著作物を作った時点で自動的に発生し保護されるとする原則。日本をはじめほとんどの国が採用
最低保護期間	死後50年

これにより、加入国間で著作物の扱いがある程度、共通化されています。第3章でリチャード・M・ストールマン氏が「GPLを契約法に基づかせない2つの正当な理由」の1つ目の理由として「著作権法は、国家間で、契約法や他のありうる選択より、非常に均質である」と挙げましたが、これはベルヌ条約があるから「国家間で、非常に均質」になるのです。

[2]:CRIC「外国の著作物の保護は?」(https://www.cric.or.jp/qa/hajime/hajime5.html)より

SECTION-35

NEC創立年について

著作権法の国際条約・ベルヌ条約への日本の加入とNEC創立の年が同じ1899年なのは偶然なのか、と筆者は思って調べてみました。すると、1899年7月17日が、日英通商航海条約や日米通商航海条約などの、いわゆる陸奥条約の施行の日ということがわかりました。あまり耳にしたことのない条約でしょう。

1853年、1854年のペリーの黒船来航により結ばれた日米和親条約や、井伊大老が暗殺された桜田門外の変のきっかけとなる1858年に結ばれた日米修好通商条約は聞いたことがあるでしょう。後者が不平等条約と呼ばれた理由は、外国人の犯罪に対する領事裁判権を認めたことなどによります。その領事裁判権を廃止する条約が日英/日米通商航海条約です。

1894年7月16日、最初にイギリスと日英通商航海条約を調印しました。条約施行の5年前に調印しています。日本は、調印から施行までにいくつもの「約定」を果たさねばならなかったためです。その第3条にあったのが、「日本国政府は日本国における大ブリテン国領事裁判権の廃止に先だち工業の所有権及版権の保護に関する列国同盟条約に加入すべきことを約す」(アジア歴史資料センター画像資料より。筆者がカタカナを平仮名になどに修正)というものです。つまり、特許権などのパリ条約と著作権のベルヌ条約に加入することが、領事裁判権の廃止条件とされたのです。

直後に日清戦争が始まり、1904年に始まる日露戦争とのちょうど中間の1899年に条約は施行されました(図7-1)。条約発効によって、外国人に対して内地開放されました。それまで、外国人は居留地に住み、だいたい40km圏内しか出歩くことができない外国人遊歩規定に縛られていました。そういう状況なので、外国人のビジネスも居留地内に制限されていました。ベルヌ条約・パリ条約に加入していなかったため、外国人の特許権も著作権も保護されていなかったからです。条約発効により、特許権も著作権も保護されるようになり、外国人も株式を保有してビジネスができるようになったわけです。

◉図7-2　日英/日米通商航海条約発効までの流れ

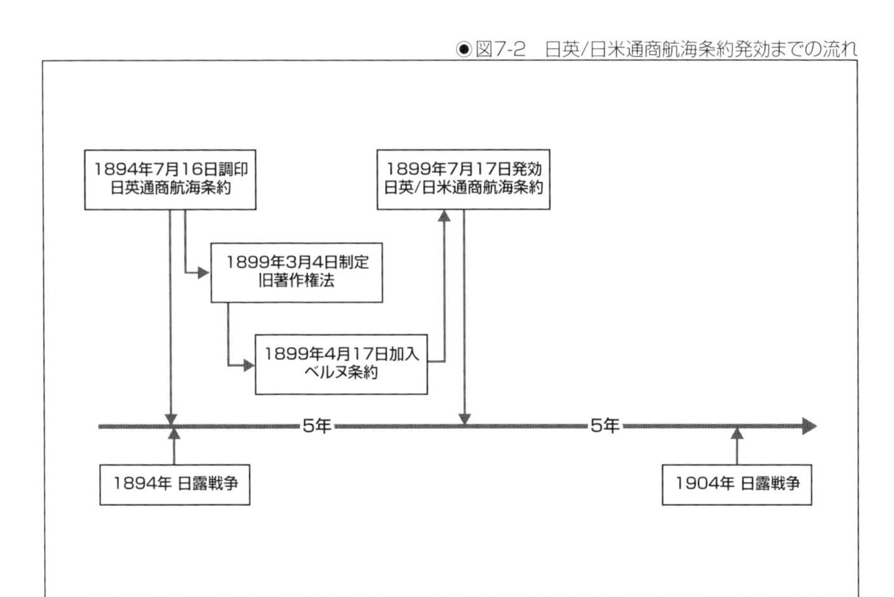

NEC、日本電気株式会社は、日英/日米通商航海条約の施行の日をもって、外国人の株式保有者を持つ外資系企業として設立することができたのです(図7-2)。つまり、著作権法の国際条約・ベルヌ条約への加入がNEC創立の条件の1つだったという意外な関係を見いだすことができました。

◉図7-3　条約の発効がNEC創立の条件だった

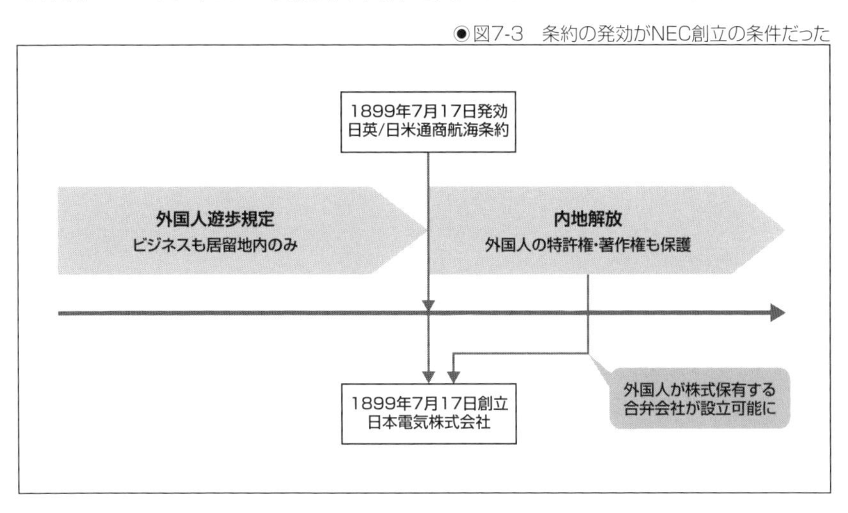

「岩垂、電気商会の設立」の理由

このNEC創立前、岩垂邦彦が大阪電燈を辞する際のエピソードも興味深い話です。

> 岩垂、電気商会の設立
>
> 折から日清戦争に勝利し、日本の産業が一気に開花した19世紀末。電気の需要は益々増加していきます。そんな中、大阪電燈では、発電機などの自社生産の動きがおきます。
>
> 岩垂は、ゼネラル・エレクトリック社(GE)との契約から、特許などの諸問題の了解が必要と提言します。しかし、当時の日本には、特許など知的資産に対する考えはなかったため受け入れられません。
>
> 岩垂はゼネラル・エレクトリック社(GE)との信義を欠くとして大阪電燈を退社します。
>
> この一件で、ゼネラル・エレクトリック社は岩垂に対する信頼を深くし…、なんとゼネラル・エレクトリック(GE)社製品の販売代理権を大阪電燈から岩垂個人に移してしまうんです。
>
> エジソンを唸らせた男　NEC創始者 岩垂 邦彦～アメリカと日本を電気で結んだ男の軌跡 NEC Online TV[3]より

すでに述べたように、当時は、外国人の特許権も著作権も保護されていなかったので、GE社の発電機の特許処理せずに自社生産しても法律違反にはならなかったのでしょう。岩垂は、そんな抜け道のようなルールに従うより、権利者の権利を尊重することを重んじ退社したようです。

会社内では手順的なルールさえ守ればよい、ルールの抜け道を突こうという風潮になりがちではないでしょうか。岩垂のように特許権者・著作権者の権利を尊重する姿勢が、著作権に基づくOSSライセンスを正しく理解し、OSSを上手に活用する方法ではないでしょうか。

[3]:https://jpn.nec.com/ad/onlinetv/introduction/iwadare_h.html

おわりに

本書の最初で、「OSSは単に無料で入手できるソフトウェアというわけではなく、誰かの著作物であるという認識を持つ必要があります」と述べました。本書の中で述べたのは、「自らの製品販売などの行為が誰の権利を行使することになるのかを自覚し、その権利を侵害することにならないようにOSSライセンス条件を満たすように考えましょう」ということです。著作権からOSSライセンスを理解することは一見すると遠回りのようにみえますが、それがOSSライセンスを正しく理解し、OSSを上手に活用する方法でしょうと述べたかったのですが、伝わったでしょうか。

「こうすればよいと、誰かが手順のようなルールを決めてくれれば、何も考えずに仕事ができるのに」と期待する方や、むしろ「仕事とはそういうものだ」と思っている方も多いでしょう。閉じた世界、組織内ではそれで済むかもしれませんが、残念ながら世の中は、それだけでは成り立っていないようです。少し本質的なところまで探って理解した人がOSSを活用したビジネスに成功しているように思います。

Linuxディストリビュータの企業に対しては、当初「GPLのLinuxを販売しており、GPL違反だ」という批判もありました。もちろん、GPL違反などではありません。GPLの条件を満たした上で、「サブスクリプションモデル」という保守サポート費用に似たビジネスモデルを普及させ、商用Linuxディストリビュータは成長しました。これも、世の中の間違った認識に惑わされず本質的なところまで探って理解し成功した事例の1つでしょう。

それから20年ほど経ちましたが世の中の間違った認識は相変わらずです。本書が、OSSを利用する皆さんにとって、OSSライセンスを本質的に正しく理解し、同様の成功をつかむ手助けになれば幸いです。

出版に際しては、株式会社C&R研究所の吉成明久氏に大変お世話になりました。ありがとうございます。

当初、書籍の執筆を勧めていただき、弊社の書籍の執筆としては先駆者の元NECソフトウェアエンジニアリング本部の誉田直美主席品質保証主管(当時、現株式会社イデソン代表取締役)に厚く御礼申し上げます。執筆に躊躇していた筆者を勇気づけていただき、さまざまなアドバイスをいただきました。

また、OSSライセンスについての書籍の執筆を承認いただき、ご支援いただいた元NEC OSS推進センター長の高橋千恵子主席技術主管およびOSS推進センター各位にも御礼を申し上げます。

原稿のレビューにつきあってもらい、普段、連携してビジネスさせてもらっているOSS検出ツールBlack Duck(旧Protex)担当の山本勝之氏、米嶋大志氏とそのメンバにも感謝します。

そして、なによりも、OSSライセンス コンサルティングのお客様に感謝を申し上げます。お客様がいらっしゃらなければ、10年間以上もコンサルティング活動を続けることはできませんでした。

最後に、日ごろから筆者のためにいろいろとサポートしてくれている妻に感謝の言葉を贈りたいと思います。

2021年9月

姉崎 章博

索引

か行

さ行

た行

は行

ま行

ら行

■著者紹介

姉崎 章博（あねざき あきひろ）

NECで元通信管理屋。日本Linux協会では、Linux商標やOSSライセンスの啓発に取り組む。日本OSS推進フォーラムやIPAで活動後、2008年からOSSライセンスのコンサルティングを始め、CRIC「第9回著作権・著作隣接権論文」に佳作入賞。著書に『オープンソースの教科書』（共著、シーアンドアール研究所刊）。

編集担当 ： 吉成明久 / カバーデザイン ： 秋田勘助（オフィス・エドモント）
イラスト ： ©lunarcat - stock.foto

OSSライセンスを正しく理解するための本

2021年11月1日　初版発行

著　者　姉崎章博
発行者　池田武人
発行所　株式会社　シーアンドアール研究所
新潟県新潟市北区西名目所 4083-6（〒950-3122）
電話　025-259-4293　FAX　025-258-2801
印刷所　株式会社　ルナテック

ISBN978-4-86354-363-8 C3055